京津冀地区水量、水质数据交换共享及联合调控典型应用

杨明祥　陈　靓　董宁澎　王贺佳　著

U0238237

中国水利水电出版社
www.waterpub.com.cn
·北京·

内 容 提 要

本书面向京津冀一体化协同发展的需求，以实现水环境质量综合管理为目标，开展京津冀地区水量、水质数据交换共享及综合管理调控研究，研发了兼容多数据源的统一共享交换技术，形成了标准化的统一数据资源接入接口和针对水环境数据的处理算法库；并以大清河流域（白洋淀）为研究案例，识别了流域的主要污染源及其对水环境质量的影响机制，提出了保证水质达标的联合调控方案，对推动实现京津冀区域"水资源利用上线、生态空间保护红线、水环境质量安全底线"三大红线空间落地具有重要意义。

本书可供水文学及水资源、水环境、水利水电工程等领域的学者、技术人员、管理人员，以及大中专院校相关专业的教师和学生参考。

图书在版编目（ＣＩＰ）数据

京津冀地区水量、水质数据交换共享及联合调控典型应用 / 杨明祥等著. -- 北京 ： 中国水利水电出版社，2021.12
ISBN 978-7-5226-0018-5

Ⅰ．①京… Ⅱ．①杨… Ⅲ．①水资源管理—研究—华北地区 Ⅳ．①TV213.4

中国版本图书馆CIP数据核字（2021）第204349号

书　　　名	京津冀地区水量、水质数据交换共享及联合调控典型应用 JING-JIN-JI DIQU SHUILIANG, SHUIZHI SHUJU JIAOHUAN GONGXIANG JI LIANHE TIAOKONG DIANXING YINGYONG
作　　　者	杨明祥　陈　靓　董宁澎　王贺佳　著
出 版 发 行	中国水利水电出版社 （北京市海淀区玉渊潭南路1号D座　100038） 网址：www.waterpub.com.cn E-mail：sales@waterpub.com.cn 电话：(010) 68367658（营销中心）
经　　　售	北京科水图书销售中心（零售） 电话：(010) 88383994、63202643、68545874 全国各地新华书店和相关出版物销售网点
排　　　版	中国水利水电出版社微机排版中心
印　　　刷	清淞永业（天津）印刷有限公司
规　　　格	184mm×260mm　16开本　7印张　170千字
版　　　次	2021年12月第1版　2021年12月第1次印刷
定　　　价	50.00元

前　言

2014 年 2 月 26 日，习近平总书记在听取京津冀协同发展工作汇报时强调，实现京津冀协同发展，是面向未来打造新的首都经济圈、推进区域发展体制机制创新的需要，是探索完善城市群布局和形态、为优化开发区域发展提供示范和样板的需要，是探索生态文明建设有效路径、促进人口经济资源环境相协调的需要，是实现京津冀优势互补、促进环渤海经济区发展、带动北方腹地发展的需要，是一个重大国家战略，要坚持优势互补、互利共赢、扎实推进，加快走出一条科学持续的协同发展路子来。

京津冀是我国的"首都经济圈"，包括北京市、天津市以及河北省的保定、唐山、廊坊、沧州、秦皇岛、石家庄、张家口、承德、邯郸、邢台、衡水等 11 个地级市。其中北京、天津、保定、廊坊为中部核心功能区，京津保地区率先联动发展。大清河是海河水系五大河之一，流经京津冀区域，包括北京市房山区、丰台区，河北省保定市、沧州市和廊坊市，天津市西青区、静海区和滨海新区。

面对新首都经济圈蓬勃发展对水提出的迫切需求，客观上需要统筹考虑水资源与水环境的关系，需要在水资源开发利用与保护等涉水事务工作中进一步加强三地联动，建立完善的协同合作机制，开展水量、水质综合管理调控研究，实现区域间、多部门在地表水、地下水、外调水、再生水、淡化海水等多水源综合调配与优化利用，保障基本生态用水量。本书开展京津冀地区水量、水质数据交换共享及综合管理调控研究，对推动实现京津冀区域"水资源利用上线、生态空间保护红线、水环境质量安全底线"三大红线空间落地具有重要的意义，可为京津冀水环境一体化管理提供平台支撑。

本书由水体污染控制与治理科技重大专项"京津冀区域水环境质量综合

管理与制度创新研究"之子课题"京津冀区域水环境管理大数据平台开发研究"（2018ZX07111005）和流域水循环模拟与调控骨架重点实验室自主研究课题"地下环境中微塑料与抗生素的交互作用及二者生物降解机制研究"（SK2020TS01）的支持。由中国水利水电科学研究院杨明祥、陈靓、董宁澎、王贺佳共同撰写。刘洋、南林江对本书写作给予了部分技术支持，在此表示衷心的感谢。

作者

2021 年 5 月 15 日于北京

目　录

第1章 绪 论

1.1 京津冀"首都经济圈"迫切需求三地"水"联动

2014年2月26日，习近平总书记在听取京津冀协同发展工作汇报时强调，实现京津冀协同发展，是面向未来打造新的首都经济圈、推进区域发展体制机制创新的需要，是探索完善城市群布局和形态、为优化开发区域发展提供示范和样板的需要，是探索生态文明建设有效路径、促进人口经济资源环境相协调的需要，是实现京津冀优势互补、促进环渤海经济区发展、带动北方腹地发展的需要，是一个重大国家战略，要坚持优势互补、互利共赢、扎实推进，加快走出一条科学持续的协同发展路子来[1-3]。2014年3月5日，"京津冀一体化"战略首次被写进国务院的政府工作报告，目的是加强环渤海及京津冀地区经济协作。

京津冀是我国的"首都经济圈"，包括北京市、天津市以及河北省的保定、唐山、廊坊、沧州、秦皇岛、石家庄、张家口、承德、邯郸、邢台、衡水等11个地级市[4-5]。其中北京、天津、保定、廊坊为中部核心功能区，京津保地区率先联动发展。大清河是海河水系五大河之一，流经京津冀区域，包括北京市房山区、丰台区，河北省保定市、沧州市和廊坊市，天津市西青区、静海区和滨海新区[6]。雄安新区就位于大清河流域的腹地，大清河流域综合规划也是落实雄安新区总体规划的重要水利专业规划[7]。

京津冀地区承担着国家城镇化重要任务。城镇人口的增长、产业规模的扩大、城市化水平的提升，意味着需要更可靠的水资源保障、更安全的水生态环境支撑。然而，京津冀三地的水资源、水环境状况却不容乐观。在水资源上，三地多年平均水资源总量分别为37.39亿 m^3、15.70亿 m^3 和205亿 m^3，人均水资源量分别为 $176m^3$、$111m^3$ 和 $307m^3$，仅相当于全国人均水资源量的5%～13%，均属严重缺水地区。在水环境上，三地长期以来工业主导型的发展模式，对地表水体影响较为明显，2012年北京市、天津市劣于Ⅴ类水质标准的河长占总评价河长的比例分别为41%和74%，河北省中南部一些地区"有河皆干、有水皆污"，对建设生态文明的支撑作用大打折扣。面对新首都经济圈蓬勃发展对水提出的迫切需求，当前京津冀地区水资源、水环境的现状条件决定了三地任何一家都无法独立解决，客观上迫切需要统筹考虑水资源与水环境的关系，加强京津冀三地之间的协作，突出"联合支撑作用"[8-9]。

党的十八届三中全会明确提出要加快生态文明制度建设，用制度保护生态环境，健康的河湖水系作为其中的关键一环，同时也承载着民众对未来美好生活的期盼、对实现美丽中国的渴望。京津冀地区处于太行山燕山山地向黄渤海海滨过渡地带，形成了明显的地势梯度，在地理空间上为创建健康的河湖水系空间提供了基础条件：京津冀三地绝大部分同

1

处于海河流域，不仅自然状态下的地表水、地下水交换频繁，重复计算量占水资源总量的 12%～20%，三地间还通过水利工程实现了水资源的互通与共享，如天津市 93.7% 的居民生活用水供给保障要依赖于河北省。然而，由于海河流域地表水严重短缺，河道断流、洼淀萎缩，使得京津冀地区这种复杂的、流域性很强的巨系统，目前更多地要靠地下水维持水系连通。但这种靠大量开采地下水提供供水保障的"单一模式"，会使本地区受到流域内其他地区开采地下水带来的明显影响：上游地区用水量和排水量的增减变化，直接通过自然河道输水和地下水的交换对下游地区用水产生深远影响。为充分缓解此类问题，需要在水资源开发利用与保护等涉水事务工作中进一步加强三地联动，建立完善的协同合作机制，开展水量、水质综合管理调控研究，实现区域间、多部门在地表水、地下水、外调水、再生水、淡化海水等多水源综合调配与优化利用，保障基本生态用水量[10-11]。本书开展京津冀地区水量、水质数据交换共享及综合管理调控研究，对推动实现京津冀区域"水资源利用上线、生态空间保护红线、水环境质量安全底线"三大红线空间落地具有重要的意义，并可为京津冀水环境一体化管理提供平台支撑。

1.2　国内外相关研究进展

从 20 世纪 60 年代开始，随着全球水资源问题的日益复杂化[12]，各国学者也逐步从单一的水资源配置研究，向综合考虑水质约束、水环境压力等水资源可持续利用领域转变[13-14]。在国外，Marks[15]、Haimes[16]、Pearson 等[17]提出了基于线性决策、多目标规划、多层次管理等手段的水资源优化管理原理和方法。在此基础上，Brmus[18]、Yeh[19] 和 Wong 等[20]又进一步提出了联合运用多目标多阶段水资源优化管理来实现水资源优化调控和配置。随着复杂性分析与决策、模拟优化等技术的发展，模型模拟也成为水资源联合调控研究的重要手段之一。Loftis 等[21]利用水资源优化模型与模拟模型相结合的方法，模拟了综合考虑水质水量的湖泊水调度问题。Avogadro 等[22]构建了在水质约束条件下的水资源规划模型，模型的构建分为两步：第一步建立水量规划模型，不考虑水质因素；第二步建立水质模型，将第一步水量配置的结果输入到水质模型中来考察水量分配的结果是否满足流域时空的水质目标，采用增加约束方法以求解水量模型。Liang 等[23]针对水井中不同水质时的供水问题进行了水质水量的联合调度。Mehrea 等[24]针对多水源、多水质区域的水资源供给问题，建立了考虑水质和水量的非线性规划模型，包括对地下井、水库、闸门和输水管网等的调度规划；Hayes 等[25]开发了发电和水质水量的优化调度模型，研究了 Cumberland 流域中的水库调度规则，结果表明满足水库下游的水质目标。Dai 等[26]将水质模型 QUAL2E 和 MODSIM 网络流模型进行集成，构建了一种新的高度非线性优化模型——网络流优化模拟模型 MODSIMQ，将水质变量作为约束条件。Campbell 等[27]构建了三角洲地区地下水和地表水的分配模拟模型和优化模型，研究了稀释法在地下水和地表水中对水源水质的净化作用。Cai 等[28]构建了集流域经济、农业、水文和水质为一体的模型，模拟研究了灌溉水量分配所引起的土壤盐碱化问题，并分析了研究区域的环境和经济的响应关系。Pingry 等[29]研究了在污染负荷变化和水量配置情况下，水污染负荷处理规划和水资源配置规划方面的平衡问题，通过建立水盐模型和水量平衡模型的决策支持系统，探讨了水污染负荷处理的费用与水资源供给费用之间的关系。

国内学者结合日益成熟的大系统优化理论，考虑多种水质目标的要求，进行水质水量模型的构建研究。王好芳等[30]建立了基于水量水质的多目标协调配置模型，较早提出同时考虑水量与水质因素的水资源配置，但还缺乏基于宏观机理对水量水质过程的模拟与水污染控制的系统措施分析。吴泽宁等[31]从生态经济的角度出发，运用生态经济学基本理论建立了水量水质统一调度模型，该模型对区域用户水量配置的同时对环境容量也进行了分配，实现了宏观层面的水量水质总体调控。董增川等[32]提出了区域水量水质联合调度模型，在时段内水量空间分配上实现了水资源宏观调度与水量水质微观模拟的结合。但水量水质联合调控研究具有系统性强、涉及面宽的特点，因此还有待于在整个调度期进行深化。付意成等[33]提出将水环境承载能力视作一种资源与水量进行协调，利用 GAMS 软件进行水量水质联合调控的多目标动态耦合求解方法。郭新蕾等[34]结合岐江河及相关水系的情况，建立了相应的水动力模型和水质模型，通过模型计算出河道河段水质、流量的变化规律和污染物的浓度分布。游进军等[35]探讨了水质水量调控的步骤，并介绍了关键技术。朱磊等[36]针对干旱半干旱地区的重度污染河流建立了水质水量响应关系模型，对不同频率来水条件下的丰、平、枯水期的水质水量响应关系做了定量研究。马振民等[37]利用地下水水量水质耦合模型对泰安岩溶水系统进行了模拟与预测，指出现状开采条件下岩溶水系统地下水环境将持续恶化，必须对岩溶水系统地下水资源进行优化控制规划。吴挺峰等[38]提出河网概化密度的大小会对水量水质的计算结果产生影响，概化河道纳污量悬殊较大时，模拟结果很难反映河道的真实情况，且被概化河道模拟有偏差时，亦会造成概化河道下游的模拟偏差。金科等[39]提出了引江济太水量水质联合调度模型，并将水量水质模型应用于应急调水方面，为引江济太实时调度提供技术支撑。李宁[40]提出了东江水资源水量水质监控系统思路，为全面实时掌握流域的水量、水质、水资源工程、水资源开发利用及其相关的流域水信息奠定了基础。张修宇等[41]结合以往水质水量联合配置的成功经验，探讨了基于水质达标的水质水量联合调控模式。张守平等[42]提出了水质水量联合配置方案的评价指标体系，并在浑太河流域进行了可行性验证，结果表明该评价体系切实可行。牛存稳等[43]在分布式水文模型 WEP-L 的基础上，建立了流域水量水质综合模拟模型，该模型是由分布式水文模型、土壤侵蚀子模型和污染物迁移转化模型 3 部分耦合而成。张荔等[44]提出了小流域水量水质综合模型的模拟研究，将小流域 4 层串联水箱模型与河流水质模型相结合，模拟河流流量和主要水质指标的变化情况，模拟结果与实测值吻合较好，说明水箱模型和水质模型耦合效果良好，能综合模拟小流域的水量水质变化。

在流域尺度上，有学者依托水文模型，结合全球气候变化展开了流域水文过程的模拟与预报研究[45-47]，分析水资源配置的合理性，有效提升可用水资源量[48-49]。另有学者将偏差分析降尺度方法运用到 SWAT 水文模型中，探究流域径流变化对不同气候情景的响应，揭示径流变化趋势[50-52]。除此之外，耦合规划模型[53-55]也经常用于研究不同来水情况下的水资源配置模式和系统收益。

在区域尺度上，以效益最大为目标建立地表水、地下水和污水等多水源的管理模型，为水量水质的调控提供基础数据[56]。通过运用随机模糊神经网络模型，将区域水资源系统中的社会经济、水量、水质等指标处理成模糊参数，充分考虑水量水质的联动关系，以此研究水资源可持续性配置[57]。Pulido - Velázquez 等[58] 和 Ward 等[59] 将动态非线性规划模型应用于北美 Rio Grande 流域的水质-水量综合管理中,探究新饮用水水质标准下的城市供水效率、公平性和可持续性。Kahil 等[60] 将动态博弈模型应用到地下水水量-水质联合管理中,既保障了水资源经济效益又保护了生态环境。另有学者采用 Copula 水量、水质联合分布函数,提出了加强地区污染物控制和治理的措施[61]。

国内学者针对京津冀地区,特别是大清河流域和白洋淀地区,在水量、水质、水生态等方面也展开了大量研究。刘园园[62] 通过资料调研发现白洋淀湿地围堤围埝大量存在,不仅降低了淀区水体的连通程度,在影响水质的同时也破坏了淀区生态系统的结构和完整性。杨若辰[63] 根据全国水功能区划技术大纲的要求,结合白洋淀水域能区划工作的实践,介绍了水功能分区划定的原则、依据与方法。李晓春等[64] 依据实地调查资料,对白洋淀湿地生态现状进行了评价,结果表明白洋淀水量是影响其水质和生物种群的重要因素;与历史资料比较,白洋淀湿地水量减少、水体污染严重、生物多样性下降;由于近年来的生态补水,白洋淀生态系统得到一定程度的恢复。程朝立等[65] 根据监测资料综合评价白洋淀湿地近 10 年的水量水质状况,分析得到其变化规律。邓睿清[66] 从水资源、生态、社会经济三方面对白洋淀湿地水资源—生态—社会经济系统的健康状况进行评价,结果表明白洋淀湿地水资源—生态—社会经济系统处于不健康状态,系统面临着许多问题,水资源子系统的健康状况差,且入淀水量、综合营养状态指数、物种多样性指数及人口自然增长率是系统健康状况的主要制约因素。鞠勤国等[67] 在对大量资料调查研究的基础上,对白洋淀生态环境进行影响识别,并采用环境质量指数法对白洋淀的生态环境进行了评价,结果表明白洋淀原有的环境已经受到十分严重的破坏。高芬[68] 对白洋淀水质及生物种群的演变情况进行了系统研究,明确了白洋淀主要污染物的时间变化及空间分布规律,预测了白洋淀不同水平年的水量、水质、生态状况。结果表明,只有采取调水补淀措施,方能保证白洋淀的生态环境需水量,而淀区水质也将有明显改善。

1.3 内容提要和亮点

本书基于京津冀水量、水质相关数据衔接与共享交换技术,构建了基于 SWAT 模型的大清河流域水量、水质动态模拟和预警模型,探索适合大清河流域的水量、水质联合调控方案。

1.3.1 京津冀水量、水质相关数据衔接与共享交换

在数据服务接口规范及技术标准体系的框架下,本书研发兼容多数据源的统一共享交换技术,融合京津冀相关区域的公共供水水质、饮用水水质、城市河湖水情、地表水水质、城市水情、大中型水库水情等集中监管数据,实现数据接入、交换、传输、共享全过程的多维度高效管控,依托数据交换共享服务、非结构化数据连接引擎和外部数据连接器,为多种数据源提供高速可靠的传输通道,实现与北京市、白洋淀和天津市相关平台、系统或数据库的衔接与交换共享,解决海量数据环境下数据缺乏汇聚管理以及不同平台的数据格式差异的问题,从海量大数据中提取价值信息,为京津冀区域水环境综合管理大数据平台提供高效的数据支撑,从而为京津冀三地水环境的知识管理和决策支持提供优质

服务。

1.3.2　多源异构水环境数据的精准接入与快速处理

　　针对京津冀区域各自独立的水环境系统采集渠道多、数据维度多、数据体量大、数据价值密度差异性大等特点，基于共享服务的目标，按照分布式元数据的管理模式，通过元数据同步和数据资源逻辑集中实现水环境数据资源对象索引，构建多级多维可扩展的水环境数据资源目录体系，为京津冀水环境数据交换共享平台提供自动导航和精准定位。基于虚拟映射和参数引用的方式形成标准化的统一数据资源接入接口，按照数据资源的不同形态（结构化、非结构化、半结构化）、数据资源的规模、数据资源的存储方式实例化不同的数据接入。根据京津冀水环境数据的差异化特征，突破针对批量化交换共享数据的并行化压缩、加密、拆包、组包等相关技术，形成针对水环境数据的处理算法库，并针对不同算法包配置差异化的执行条件，实现数据的智能化自动处理。

1.3.3　水量、水质动态分析和模拟技术及其在大清河流域（白洋淀）的典型应用

　　在掌握大清河流域（白洋淀）实际状况和水环境模拟理论的基础上，通过实地调研、室内实验和现场观测，识别大清河流域（白洋淀）主要污染源，分析不同污染源对水环境质量的影响机制；基于大清河流域气象、DEM、土地利用、土壤图、点源排放、面源污染等基础数据，构建大清河流域水量、水质综合动态分析及模拟模型，通过预设场景模拟分析确定白洋淀水量、水质综合预警值，在水量、水质预警值和现状污染物排放的基础上，探究保证水质达标的联合调控方案。

第2章 研究区域概况

2.1 京津冀区域概况

京津冀地处华北地区，位于东经113°4′～119°53′，北纬36°1′～42°37′，经济总量在我国北方经济群中最高，属经济发达地区。京津冀靠山临海，地势上西北高东南低，整体表现为环状逐渐下降，主要分为三大地貌单元：坝上高原、燕山和太行山地、冀中平原。京津冀地区共有13个地级市，其中沿海城市有秦皇岛、天津、沧州和唐山；内陆城市有石家庄、北京、邢台、邯郸、保定等；高原山地城市有张家口和承德；丘陵平原城市有秦皇岛、唐山、北京、天津、廊坊等。京津冀战略地位特殊，是国家重点发展区域。京津冀协同发展在政府部门的推动下已然成为国家战略的重要部分，区域整体定位是打造成为以北京市为中心的世界级城市群。

2.1.1 北京市

1. 自然地理概况

北京市地处华北大平原的北部，西侧为西山，属于太行山脉，北侧为军都山，属于燕山山脉。全市面积为16410.54km²。地理坐标为东经115°42′～117°24′，北纬39°24′～41°36′。

北京东侧与天津相接，东南部距离渤海约150km，其他周边与河北省相邻，整体地势西北高东南低。其西侧、北侧及东北侧均为山脉，沿东南向为倾斜的平原。平原部分的海拔为20～60m，山区海拔为1000～1500m，最高峰为东灵山，海拔达到2303m。

北京为暖温带半湿润的大陆性季风气候，四季明显，春季和秋季时间短，夏季和冬季时间长。夏季炎热多雨，冬季寒冷干燥。全年平均温度为10～13℃，1月气温最低，平均温度为−7～−4℃，7月气温最高，平均温度为25～26℃，极低温度为−27.4℃，极高温度在43℃以上，无霜期为180～200天，山区时间较短。近40年来，北京城区、郊区的年平均温度都呈明显上升趋势，城区比郊区上升幅度更快[69]。

全市平均降雨量为600多mm[70]，是华北区域降雨较多的地区，山前迎风坡达到700mm以上，降水季节不均匀，75%以上降水处于夏季，7—8月多有暴雨[70-71]。极端降水方面，1日最大降水量、极端强降水日数、极端强降水比率、最长连续无降水天数呈不同程度的减少趋势，零降水日数以2d/10a的速率增加[72]；1951—2010年，北京市历年的降水量以44.3mm/10a的速率减少，且城区下降幅度比郊区明显。在全球变暖的背景下，北京的气温和降水的变化趋势相反[73]。

北京天然河道自西向东贯穿拒马河水系、永定河水系、北运河水系、潮白河水系和蓟运河水系五大水系，多由西北部山地发源，向东南蜿蜒流经平原地区，最后在海河汇入渤海（蓟运河除外）。

北京没有天然湖泊，现有水库 85 座，其中大型水库有密云水库、官厅水库、怀柔水库、海子水库。北京市地下水多年平均补给量达 29.21 亿 m^3，平均年可开采量为 24 亿～25 亿 m^3。一次性天然水资源年平均总量为 55.21 亿 m^3。2013 年北京市总用水量为 35.3 亿 m^3，比 2012 年增长 1.4%。其中，生活用水为 14.5 亿 m^3，增长 4.3%；工业用水为 5.6 亿 m^3，下降 3.4%；农业用水为 12 亿 m^3，下降 3.2%。

2. 区域人口及社会经济

北京市涵盖 16 个区、147 个街道、144 个镇、33 个乡、5 个民族乡。2015 年末北京全市常住人口为 2170.5 万人。

北京市 2016 年国民经济和社会发展统计公报显示：经济增长初步核算，全年区域生产总值达 2.49 万亿元，环比增长 6.7%。其中第一产业增长量 129.6 亿元，降低 8.8%，第二产业增长量 4774.4 亿元，增长 5.6%，第三产业增长量约 2.0 万亿元，增长 7.1%。三次产业构成由上年的 0.6：19.7：79.7 调整为 0.5：19.2：80.3。按常住人口计算，全市人均生产总值达到 11.5 万元。

北京市未来的发展需按照《北京城市总体规划（2016—2035 年）》和京津冀协同发展规划纲要的战略要求，紧密联合天津、河北周边区域，建设区域内新型合作模式，共同推进京津冀协同发展一体化大格局[74]。

2.1.2 天津市

1. 自然地理概况

天津市位于华北地区的东北方向，东侧紧邻渤海，北侧依靠燕山，西侧毗邻北京市，海河流域的南运河、子牙河、大清河、永定河、北运河由此汇集入海。天津市总面积为 11919.7 km^2，海岸线长 153.334km，地理坐标为东经 116°43′～118°04′，北纬 38°34′～40°15′。

天津市地理位置优越，距离北京市 120km，是拱卫京城的关键区域。天津地质构造复杂，大部分被新生代沉积物覆盖。地势以平原和洼地为主，北部有低山丘陵，海拔由北向南逐渐下降。北部最高，海拔 1052m；东南部最低，海拔 3.5m。全市最高峰为九山顶（海拔 1078.5m）。地貌总轮廓为西北高而东南低。天津有山地、丘陵和平原三种地形，平原约占 93%。除北部与燕山南侧接壤之处多为山地外，其余均属冲积平原，蓟县北部山地为海拔千米以下的低山丘陵。靠近山地是由洪积冲积扇组成的倾斜平原，呈扇状分布。倾斜平原往南是冲积平原，东南是滨海平原。

天津地处中纬度欧亚大陆东岸，主要受季风环流的影响，特别是东亚季风盛行。年平均风速为 2～4m/s，多为西南风；天津年平均降水量为 520～660mm，降水日数为 63～70d[75-77]；天津市 1964—2015 年降水量呈不显著下降趋势，多年平均降水量 579mm，下降速率为 -31.40mm/10a；而夏季降水量呈显著下降趋势，夏季多年平均降水量为 413.39mm，下降速率为 -41.81mm/10a[78-79]；天津市最大连续 5d 降水量、日降水强度、强降水率和极强降水率及连续湿日均呈减少趋势，总体表明天津市干旱化倾向明显[80]。

天津地跨海河两岸，而海河是华北最大的河流，上游长度在 10km 以上的支流有 300

多条,在中游附近汇合于北运河、永定河、大清河、子牙河和南运河,五河又在天津金钢桥附近的三岔口汇合成海河干流,由大沽口入海。干流全长 72km,平均河宽 100m,水深 3~5m。

天津有相当丰富的自然景观资源,有 8 个自然保护区,总面积为 1645km²,占全市总面积的 13.8%;全市有大型水库 3 座,总库容量为 22.39 亿 m³;天津市金属和非金属矿产资源丰富,已探明的就有 20 多种;另外还有充足的油气资源、海盐资源、地下热水资源、生物资源和海洋资源等。

2. 区域人口及社会经济

天津市现辖 16 个区,2015 年年底常住人口为 1547 万人。2015 年天津市国民经济和社会发展统计公报显示:全市生产总值 1.65 万亿元,环比增长 9.3%。按三类产业划分,第一产业增长量约 210.5 亿元,增长 2.5%,第二产业增长量 7723.60 亿元,增长 9.2%,第三产业增长值 8604.08 亿元,增长 9.6%,三类产业结构比值为 1.3:46.7:53.0,服务行业增长值相对比重第一次超过了一半。

天津市未来的发展将根据国家的产业政策和自身优势,不断壮大支柱产业,形成技术先进的综合性工业基地和北方商贸金融中心;协调经济发展、城镇化建设与环境保护的共同实施,逐步形成并保持良好的城市容貌;着重加强生态环境保护建设,从总体大局出发,全面部署城市环保基础设施,推进生态保护工程的建设,落实污染的重点防治和综合治理,逐渐建设环境宜居的现代化城市[81-82]。

2.1.3　河北省

1. 自然地理概况

河北省环抱首都北京,地处东经 113°27′~119°50′,北纬 36°05′~42°40′,横跨华北、东北两大地区,总面积 18.85 万 km²,省会石家庄市。北距北京 283km,东与天津市毗连并紧傍渤海,东南部、南部衔山东、河南两省,西倚太行山与山西省为邻,西北部、北部与内蒙古自治区交界,东北部与辽宁省接壤。隶属廊坊的“北三县”三河、大厂、香河,被京津两市包围,成为河北省的一块“飞地”,为首都的“后花园”。地貌由西北向东主要为坝上高原、燕山和太行山区、河北平原。

河北省属于温带大陆性季风气候,四季分明,全年日照 2500~3100h,无霜期 120~200d。降水方面,全省平均降水量 524.4mm[83],遵化、沧州及石家庄以西为多雨区,坝上为少雨区,沿海降水量多于内陆,山地多于平原,降水等值线在山区的梯度较大。汛期降水占全年降 62%~74%[84]。20 世纪 90 年代前降水呈下降趋势,90 年代后上升,但 2000 年以后又呈下降趋势;而各年代的降水空间分布无明显变化,仅冀南一带降水梯度变小。河北全省降水均呈下降趋势,减少速率为 0.05~3.29mm/a,降水量下降最显著的是石家庄以西地区,达-4mm/a,遵化地区达-3.56mm/a;只有唐山沿海的小部分为增加趋势[85-86]。

全省 1 月平均气温在 3℃以下[87-88],7 月气温最高。1961—2003 年,河北省的年平均温度的变化速率较全国温度变化速率略高,可以分为 3 个异常区。冀北高原和冀西部山区经历 1989 年以前的偏冷期及以后的相对偏暖期。其他地区经历 3 个较大尺度的周期,20 世纪 60 年代中期和 80 年代后期均有明显的冷暖交替。对全球气候变暖的响应表现为一致的增暖，各区域增暖幅度不同[89-91]。

河北省河流众多，长度在 18km 以上 1000km 以下者就达 300 多条。境内河流大都发源或流经燕山、冀北山地和太行山山区，其下游有的合流入海，有的单独入海，还有因地形流入湖泊不外流者。主要河流从南到北依次有漳卫南运河、子牙河、大清河、永定河、潮白河、蓟运河、滦河等，分属海河、滦河、内陆河、辽河 4 个水系。其中海河水系最大，滦河水系次之。

海河水系是河北省的主要水系之一。1956—2000 年海河流域的多年平均降水量为 534.5mm，径流量为 214.9 亿 m^3，径流系数为 0.126。[78,92-93]。20 世纪 70 年代以前，海河流域水资源问题并不十分突出，20 世纪 80 年代以来，由于社会经济的发展，取水量不断增加，缺水问题逐渐显现[94-95]。目前，海河流域人均水资源占有量仅为 250m^3，约相当于世界人均水资源占有量的 3%，缺水问题十分突出[96]。在近年来水资源开发利用量相对稳定的情况下，水资源短缺的主要原因是区域内水资源产水量减少，主要包括两个方面：一是气候变化原因，近年来气温升高，降水量比常年偏少；二是人类活动导致下垫面发生变化，在降水量小幅减少的情况下，河川径流量的减少却十分剧烈，即发生了径流变异现象[92-93,97-98]。

2. 区域人口及社会经济

区域内总人口为 7425 万人，包含 11 个省辖市、39 个市辖区、20 个县级市、112 个县。根据河北省 2016 年国民经济和社会发展统计公报，全省生产总值约达 3.1 万亿元，环比增长 3.5%。按产业划分，第一产业增长值 3492.8 亿元，增长 3.5%；第二产业增长值 15058.5 亿元，增长 4.9%；第三产业增长值 13276.6 亿元，增长 9.9%，全省生产总值按产业构成比重为 11.0：47.3：41.7。

2.2 大清河流域概况

2.2.1 地理位置

大清河流域是海河流域的五大水系之一，地处东经 113°40′～117°00′，北纬 38°23′～40°09′，地跨山西、北京、天津、河北 4 省（直辖市），流域面积为 43060km² （其中山区面积 18610km²，占 43%；平原区面积 24450km²，占 57%），其中河北省的流域面积为 34683km²，占 80.6%，流域东西长 500km，南北宽 200km，占海河流域面积的 13.5%[98-99]。

2.2.2 地形地貌

大清河流域的地势为西北较高，东南相对较低，地貌主要分为低山区、中山区、丘陵和平原区。以京广铁路为分界线，以东为平原区，以西为山区。山区包括涞源县、涞水县、灵丘县和阜平县等，低山区和丘陵区分布在房山、易县、涞水、曼城、顺平、曲阳等流域中西部地区，山体呈东北—西南走向，主要有大鞍山、南坨山、灵山、狼牙山、小五台山等[100-102]。流域中下游基本属于华北平原区，主要分布在河北省中东部、北京市和天津市。平原区按其成因可分为三种类型：山前洪积平原、冲积平原和洼淀区，在洼淀中，最大的两个天然蓄水池是白洋淀和文安洼，大清河流域高程如图 2.1 所示。

图 2.1　大清河流域高程

2.2.3　气象水文条件

大清河流域地处中温带半湿润半干旱大陆季风气候区，四季分明，春季干燥多风，多东南风，秋季凉爽少雨，冬季寒冷少雪。多年平均最高气温和平均最低温度分别为 16.53℃、5.43℃，平均温度为 7.6～13.1℃。多年平均降雨量为 727mm，1954 年降雨量最大为 1058mm，降雨多集中 7—9 月，常以暴雨形式出现[103]。受地形条件影响，暴雨多发生在西部太行山迎风坡，一般为 600～750mm，背风坡降雨量相对较少，一般为 400～500mm。该地区降雨量年际变化较大，雨量分配不均，多年来降雨量呈减少趋势，平均下降速率为 2.15mm/a[94,104]。

流域暴雨多发生在西部太行山迎风坡，由于地形陡峭，土层覆被较薄，植被较差，呈扇形分布的众多支流河道源短流急，汇流时间较短，洪水陡涨陡落，洪峰高，历时短，洪峰非常集中，极易造成较大的洪涝灾害[105-106]。自有实测资料以来，"638"洪水（1963 年 8 月）洪水是最大的一次流域性洪水，暴雨中心最大 3d 降水量达到了 1130mm，7d 雨量达到 1308mm，大清河南支的洪水总量为 57.0 亿 m^3，北支为 18.9 亿 m^3。据 1927 年、1939 年、1954 年、1956 年、1963 年、1996 年等大水年份最大 30 日洪水总量统计，大清河水系最大 30 日洪水量占海河流域的 30%～50%，而面积仅占全流域的 13.3%[97,107]。

2.2.4　土壤分布

大清河流域土壤类型可划分为 16 类即滨海养殖场、草甸土、潮土、城区土、冲积土、粗骨土、风沙土、褐土、湖泊/水库、黄绵土、黑土、石质土、水稻土、盐土、沼泽土、棕壤性土（图 2.2）。其中，褐土又可分为山地棕褐土、山地褐土、草甸褐土、耕作褐土等[78,108]。

2.2.5　植被分布

大清河流域的植被类型有 8 大类 13 亚类，包括针叶林、栽培植被、阔叶林、灌丛、草原、草丛、草甸和沼泽。针叶林植被主要分布在山区，分布面积占流域植被总面积的 0.15%，为全区最小；栽培植被主要分布在平原区，占流域植被总面积的 54.48%，分布最为广泛，农业种植较多；阔叶林主要分布在西北山区和中南部平原，占流域植被总面积的 4.70%；灌丛全部分布在流域山区，占流域植被总面积的 13.20%；草原主要分布在山

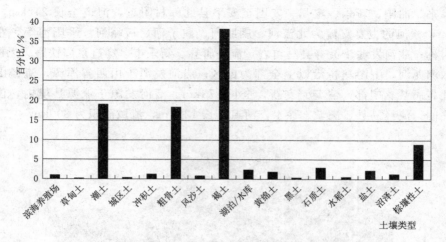

图 2.2 大清河流域不同土壤类型百分比

西和河北西北部，所占比例仅为 0.78%；草丛主要集中分布在河北的山区一带，占流域植被总面积的 14.27%；草甸主要分布在山西及下游天津部分区域，所占比例为 2.15%；沼泽主要分布在流域中下游平原区，所占比例为 1.27%[109-110]。

2.2.6 土地利用情况

大清河流域 2000 年土地利用概况如图 2.3 所示，可以看出大清河流域以农业用地为主。经统计耕地的土地利用面积占全区的 52.37%，所占表面积比例最大，其次分别是林地、草地、城乡/工矿/居民用地、水域和未利用地，所占比例分别为 17.15%，16.73%，8.66%，4.08% 和 1.01%[111]。

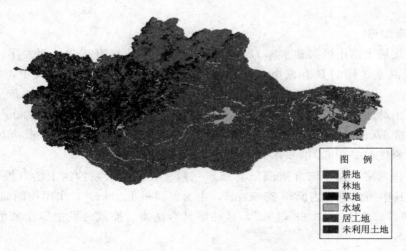

图 2.3 2000 年大清河流域土地利用类型

2.2.7 河流水系

大清河水系属于扇状水系，整个流域以五级河流为主，四级及四级以上河流较少，主要由南北两支组成，如图 2.4 所示。沙河发源于山西省灵丘县孤山，流经山西省灵丘县，河北省阜平、曲阳、新乐、定州、安国至安平县北郭村附近，河道全长242km，山区河长166km，沙河的主要支流为北流河、胭脂河、鹞子河、板峪河、平阳河等，左右岸支流基本对称；磁河发源于灵寿县马坊岩，流经唐县、新乐市、穿过京广铁路、无极，在安平县汇入潴龙河，上游塘桥沿以上全部为山区；唐河发源于山西省浑源，流经山西省灵丘，河北省唐县、望都、清苑、安新，全长273km。漕河发源于涞源县境内，位于界河与瀑河之间，流经易县、满城、徐水，河道全长120km，流域面积为800km²[111-112]。

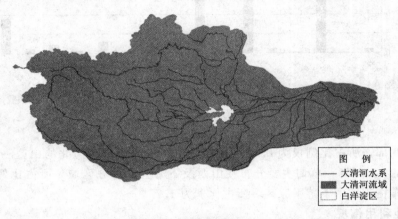

图 2.4　大清河流域河流分布

北支的主要河流为中易水、拒马河、小清河等，其中拒马河属于四级河流，拒马河经张坊分为北拒马河和南拒马河，北拒马河、漫水河、小清河净东茨村汇入白沟河，白沟河和南拒马河经新盖房枢纽汇入东淀，新盖房水文站（原白沟水文站）为大清河北支总控制站[113]。

2.2.8　水库建设

大清河流域上游山区兴建水库120多座，其中大型水库有王快、西大洋、安各庄等，有效控制了洪水，同时具有发电、养鱼和灌溉等综合效益[114-115]，其中，代表性水库包括：

（1）衡山岭水库。建造于1958年，位于磁河上游，控制流域面积440km²，上游流域年平均降雨量670mm，衡山岭以上多年平均径流量1.17亿m³，最大为1963年的3.8亿m³，最大入库洪峰流量是1963年8月7日的3200m³/s。

（2）王快水库。位于河北省曲阳县郑家庄西、大清河水系沙河上游，控制流域面积3770km²，其中河北省境内面积2543km²，山西省面积1227km²，水库控制面积占沙河流域面积的59%，总库容13.89亿m³，是一座具有防洪、灌溉、发电等功能的大（1）型水利枢纽工程。

（3）西大洋水库。位于大清河南支唐河出山口处，控制全部山区，上游流域面积4420km²，占唐河流域面积的88.7%，其中河北省境内面积2241km²，山西省境内2188km²，是一座兼顾城市供水、发电等综合利用的大（1）型水库。

（4）安各庄水库。位于大清河水库北支中易水上游，总库容3.09亿m³，控制流域面积476km²，占中易水流域面积的40%。

（5）口头水库。位于大清河水系沙河支流郜河上游，兴建于 1958 年，控制流域面积 142.5km²，总库容 1.056 亿 m³，是一座以防洪、灌溉、发电等综合利用的大（2）型水利枢纽工程。

2.3 大清河流域水量、水质现状

2.3.1 水资源量现状

大清河流域多年平均水资源量为 60.7 亿 m³，其中地表水为 33.1 亿 m³，地下水为 27.6 亿 m³，人均水资源量不足 370m³，农业是主要用水大户，用水量占流域总用水量的 80%，但是地面水灌区的灌溉有效利用系数为 0.4～0.5，井灌区为 0.6～0.8，许多地区仍沿用落后的灌溉方式和灌溉技术，大水漫灌现象还较普遍[116]。大清河流域耕地分布如图 2.5 所示。

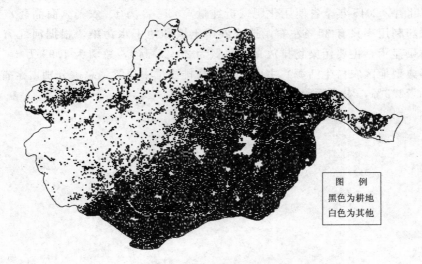

图 例
黑色为耕地
白色为其他

图 2.5 大清河流域耕地分布

数十年来大清河流域作为气候敏感区和人类活动影响剧烈区域，其气候和环境条件发生了巨大变化，水资源供给严重不足与经济社会、生态环境用水强烈需求形成极大反差，流域水资源安全问题严峻。流域地表水资源衰减严重 1970—2000 年，可利用水资源量相比 1970 年以前减少 39.4%；2015 年，占大清河上游面积约 70% 的保定市人均水资源量仅为 194.7m³，远低于当年全国平均水平的 2039.3m³，属于极度缺水地区（极度缺水标准为人均水资源量小于 500m³），水资源开发利用率高达 126%。地下水严重超采，形成巨大的地下漏斗，从而进一步加剧地表水下渗，减少流域水资源量[117-118]。

缺水不仅影响经济社会发展，甚至导致了严重的生态环境问题，给流域可持续发展带来了巨大挑战。大清河上游有大小水库 200 余座，是中游地区供水的重要来源，中游地表水资源供水量约占总供水量的 18%，大清河上游南支水系均汇入中游平原缺水形势严峻的白洋淀湿地[119-121]。

水质性缺水和资源型缺水是大清河流域面临的重大问题，在成立雄安新区后，雄安新

13

区的建设与发展对大清河流域上游的水源供给提出了更高的要求[122-124]。

2.3.2　河道水质现状

2015 年，大清河上、中游为Ⅲ类水体，满足功能区划要求。从上、中游至下游大清河桥，水质恶化为劣Ⅴ类，不能满足饮用水源二级保护区要求。2015 年，大清河 3 个监测断面中只有大清河桥断面的石油类和阴离子表面活性剂超标，其他 2 个断面各污染物均达标。大清河桥断面石油类年均值为 0.12mg/L，超标率 100%，超标倍数 1.3 倍；阴离子表面活性剂年均值为 0.5mg/L，超标率 100%，超标倍数 1.3 倍。石油类监测均值沿程逐渐增高，污染加重[125-126]。

2.3.3　农业面源污染现状

农业面源污染是指在农业生产活动中，氮素与磷素、农药以及其他有机物或无机物通过地表径流和淋溶等方式进入水体，进而引起水环境污染问题。由于农业面源污染污染源分散，受自然因素影响较大，发生位置和地理边界难以确定和识别[127]。

对于河北省，2015 年全省使用化肥（折纯量）335.49 万 t、农药（商品药）4.14 万 t，但化肥、农药利用率只有 35% 左右，造成农田土壤和地下水污染。根据河北省第一次污染源普查结果显示，主要污染物排放量中总氮为 26.25 万 t，总磷为 1.99 万 t，全省农业源（不包括典型地区农村生活源）主要水污染物排放量中总氮、总磷分别占全省排放总量的 67.7% 和 72.3%，农业面源污染占比较重[128-131]。

第3章 水量、水质数据的接入存储与共享交换

本章面向水量水质调控的实际需求，通过开发异构水环境数据接入适配模块、区域水环境管理平台数据共享接口管理模块以及数据交换参数的智能匹配系统，为水量水质数据的接入存储与共享交换提供技术基础，支撑大清河流域水量水质联合调控与应用的相关研究。

3.1 异构水环境数据的接入适配模块开发

在水环境数据接入过程中，为处理原有地方系统的数据异构问题，需要开发专门的接入适配模块，满足实际系统的业务化运行需求，并以河北、天津地区业务平台开展验证。相关工作主要包括异构数据抽象建模、交换平台接口函数二次开发等。

3.1.1 跨网段文件集成接入适配模块开发

3.1.1.1 开发背景

随着计算机技术的迅速发展，办公方式也更加的趋于信息化。许多政府机关、企事业单位的业务都实现了计算机化管理，原有的纸质文档也逐渐被电子文档所取代。利用计算机和网络技术进行文件管理，便于实现数据信息的共享，减轻工作人员的工作负荷，使文件管理更科学、更规范、更安全。目前电子文档主要存储在个人电脑的硬盘中，需要与他人分享文件时，主要通过文件共享、邮件等方式进行传送。在文件体积较小时，采用上述方法传输文件还比较方便，但是需要传输大体积文件时，这些方法就会受到各种限制。现有的各种文件管理系统大多是将文件集中存放于服务器中，用户从客户端上传或下载文件的速度会受到许多方面因素的影响。特别是当文件体积过大和网络速度不理想时，很容易造成用户资源和时间的浪费。

因此，随着企事业单位需处理的电子文档数目的迅速增加和工作的需要，如何高效地传输大容量文件已经成为必须解决的问题。目前，一些电子邮箱提供的超大附件服务虽然可以暂时解决大体积文件的传输共享问题，但是这种方式在网络通信和文件的传输上存在诸多不便，无法满足用户需求。因此，设计一种满足企事业单位办公需求、适用于大体积文件传输的文件传输系统具有一定的实用价值。

3.1.1.2 功能模块

跨网段文件集成接入适配模块包含客户端和服务端两部分。其中服务端由用户登记模块、文件传输模块和传输日志显示模块三部分组成；客户端由一次性全量同步模块、

等时同步模块、客户端注册模块和传输日志显示模块四部分组成。系统基于 TCP 协议实现文件传输功能，用户使用 TCP 连接传输文件时，根据通信协议设置服务端 Socket 的端口号和 IP 地址，客户端需要向服务器端发送连接请求。在服务端持续监听等待客户端的连接请求，采用多线程的方式接收文件字节流，支持多文件同时传输。

3.1.1.3 运行环境

跨网段文件汇集软件运行在 Windows 10/8/7 操作系统平台上，用户无需配置任何环境，双击即可使用。为了能达到最初设计目的，发挥其最大性能，主机设备则必需满足以下一些基本条件：

CPU：Intel Core i3 以上。

内存：8 GB 以上。

硬盘：系统驱动器上需要 1TB 以上的可用空间（根据传输的数据量而定）。

显示：屏幕分辨率 800×600 以上，推荐使用 1920×1080（颜色设置为 256 色或更高）。

鼠标：Microsoft 鼠标。

3.1.1.4 关键技术

1. Socket 套接字

Socket 套接字是开发网络应用程序非常便捷的工具。套接字在被引入到 Windows 系统后称为 WINSOCK，它为本机与其他任何具有 Socket 接口的计算机通信提供了一个通信接口，应用程序可以通过这个接口在网络上发送和接收信息。

Socket 是为客户端/服务端模型而专门设计的，它为客户端和服务端提供不同的 Socket 系统调用。当两端连接开始时，客户端会申请一个随机的 Socket，系统将为它分配一个 Socket 号；而服务端则拥有一个全局公认的 Socket，任何客户端都可以向它发出连接请求和信息请求。

Socket 接口实质是 TCP/IP 网络的 API 接口函数。Socket 为网络通信提供了一套丰富的方法和属性，数据传输实质上是一种特殊的 I/O。Socket 主要有三种类型：流式套接字、数据报式套接字和原始式套接字。流式套接字是一种面向连接的 Socket，针对于面向连接的 TCP 服务应用；数据报式套接字则是一种面向无连接的 Socket，对应于无连接的 UDP 服务应用。

在本模块中，采用了面向连接的、可靠的流式套接字数据传输服务。数据无差错、无重复的发送，且按发送顺序接收的连接。内设流量控制，避免数据流超限；数据被看做是字节流，无长度限制。流式套接字实际上是基于 TCP 协议实现的。在文件传输系统中，服务器端会首先建立一个 Socket 实例，并使用 Listen（）方法来监听客户端的连接。当有客户端发来请求连接时，服务端会使用 Accept（）方法来处理其连接请求，并返回可用于与它进行数据通信的 Socket。收到信息后客户端可以使用 LocalEndPoint 属性来标识分配给 Socket 的 IP 地址和端口号，并通过调用 Connect（）方法来连接到监听的主机。在数据通信方面，客户端与服务端均可使用 Send（）或 Receive（）方法来完成数据的发送与接收。

2. 多线程

（1）线程。线程有时也被称为轻量级进程，是程序执行流的最小单元。一个标准的线程由线程、当前指令指针、寄存器集合和堆栈组成。线程是进程中的一个实体，是被系统独立调度和分派的基本单位。它自己基本不拥有系统资源，但它可与同属一个进程的其他线程共享进程所拥有的全部资源。

线程拥有起点、执行的顺序系列和一个终点，它要负责维护自己的堆栈。这些堆栈用于异常处理、优先级调度和其他一些执行系统重新恢复线程时需要的信息。

在引入线程的操作系统中，通常把进程作为分配资源的基本单位，把线程作为独立运行和独立调度的基本单位。由于线程比进程更小，基本上不拥有系统资源，故对它的调度所付出的开销就会小得多，能更高效地提高系统内多个程序间并发执行的程度，从而显著提高系统资源的利用率和吞吐量。在多处理器的机器上，调度程序可将多个线程放到不同的处理器上运行，这样既可以平衡各个处理器的任务，又能够提高系统的运行效率。

（2）多线程。将在单个程序中同时运行多个线程完成不同的工作，称为多线程。其实质是 CPU 分时地处理多个任务，每个任务都像独占处理器一样。多线程技术能够同时运行多个不同的线程来执行不同的任务，也就是说允许单个程序创建多个并行执行的线程来完成任务。一个采用了多线程技术的应用程序可以更好地利用系统资源，充分使用 CPU 的空闲时间片，用尽可能少的时间来对用户的要求做出响应。使用多线程能够大大地提高进程的整体运行效率，同时也增强了应用程序的灵活性。

（3）线程池。线程池是一种多线程处理形式，在处理过程中首先将任务添加到队列，然后在创建线程后自动启动这些任务。一个线程池有若干个等待操作的线程，当一个等待操作完成时，线程池中的辅助线程会执行回调函数逐个完成任务。线程池中的线程都是后台线程，每个线程都使用默认的堆栈大小，以默认的优先级运行，并处于多线程单元中。线程池在使用时，给池中的每个线程都分派了一个任务，当任务完成时，线程就返回线程池等待下一次任务分派。在程序运行中需要使用线程时，线程池会首先为新任务重用线程池中空闲的线程，而不是创建新的线程。这个过程中的线程数量通常都是固定的，而这个数量的多少取决于可用的内存量和应用程序的需要。当然，编程人员也可以根据需要来设置线程池开启线程的最大数目。

3.1.1.5　软件使用

1. 软件使用基本流程

在文件传输前，服务端首先要读取文件的信息，并将文件进行压缩。然后将压缩后的数据块利用多线程发送到服务端。而服务端在收到文件传输请求后会建立相应的线程来完成对文件的接收。最后将接收的文件解压为原始文件，并向客户端发送确认接收消息。由于日常应用中经常需要传输大体积文件，网络文件远程传输系统在设计时充分考虑了在传输过程中可能产生的各种情况，采取了相应措施来保证文件传输的可靠性和高效性。图3.1 描述了该软件使用的基本流程。

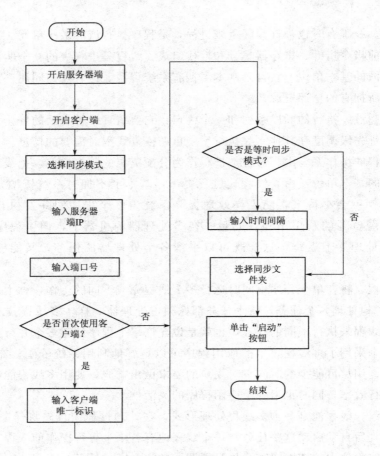

图 3.1　软件使用基本流程

2. 软件使用具体步骤

（1）开启服务端。软件需先开启服务端，双击部署在服务器上的服务端应用程序图标，如图 3.2 所示。

启动服务端界面如图 3.3 所示。

其中，两个信息显示区分别显示用户连接的 IP 和接收文件的信息；修改配置文件 serverConfig. txt，可修改文件的保存文件夹和端口号；在该程序首次运行并接收文件时，在 exe 可执行程序同级目录自动生成客户端标识符文件 clientRegister. txt，用于记录不同的客户端；服务端开启后，监听来自客户端的连接请求，建立 TCP/IP 连接后服务端开始接收文件并按照原来的文件夹结构写入服务器。服务端界面显示当前连接用户的 IP 地址、正在传输文件的信息以及

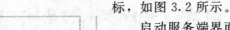

图 3.2　服务端应用程序图标

传输进度。

（注：服务端须连续 24 小时运行；不可删除目录中任何配置文件，否则程序运行将发

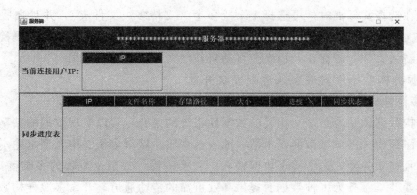

图 3.3　服务端界面

生异常。)

（2）开启客户端。用户只需双击客户端图标，即可软件开启客户端，如图 3.4 所示。启动后，显示的客户端界面如图 3.5 所示。

（3）用户使用步骤。

步骤 1：选择同步模式。

步骤 2：输入服务器 IP 地址。

步骤 3：输入端口号（务必与服务端端口号保持一致）。

步骤 4：输入客户端唯一标识（仅首次运行该程序，输入客户端唯一标识）。

图 3.4　客户端图标

步骤 5：输入时间间隔（等时同步模式需执行该步骤）。

步骤 6：选择文件夹，可选择 1 个或者多个。

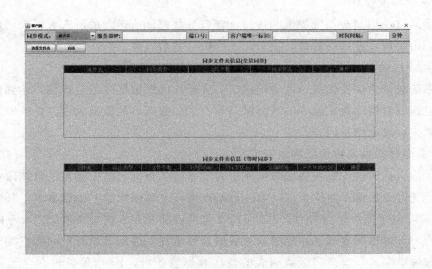

图 3.5　客户端界面

步骤 7：单击"启动"按钮。

客户端在选择文件夹时，可选择 1 个或多个（支持多级文件夹），并且在服务端仍会保持原有的文件夹结构。当同步模式为等时同步时，程序会按照指定时间间隔检测所选文件夹是否有新增文件，若存在，程序会自动将新增文件传输至服务端。

3.1.2 多源异构数据库集成接入适配模块开发

3.1.2.1 多源异构数据库适配模块介绍

多源异构数据库系统是多个相关的数据库系统的集合，可以实现数据的共享和透明访问。由于京津冀相关区域城市河湖水情、地表水水质、城市水情、中大型水库水情等数据的来源不同且格式各异，为了实现数据接入、交换传输、共享全过程的多维度高效管控，依托数据交换共享服务为多种数据源提供高效可靠的传输通道，开发多源异构数据库集成接入适配模块。

多源异构数据库系统的异构性在于各个组成数据库具有自治性，在实现数据共享的同时，每个数据库系统仍保持有自己的应用特性、完整性控制和安全性控制。数据库系统的异构性主要体现在以下两个方面：一方面是计算机体系结构的异构，参与的数据库可以分别运行在大型机、小型机、工作站、PC 机或者嵌入式系统中；另一方面是基础操作系统的异构，参与的数据库系统所在基础操作系统可以分别是 Unix、Windows NT、Linux、OSX 等。

多源异构数据库系统通过数据源管理、抽象数据表管理和集成系统的接口管理等模块构成。

1. 数据源管理

数据源管理，即对数据节点信息的管理，包括数据源中数据表增加时，对目的数据库进行同步增量操作。

2. 抽象数据表管理

数据库通过调用集成系统提供的接口，将自身数据库所包含的所有数据表信息传递到集成系统，由集成系统进行处理，抽象出一个统一的数据表。

3. 集成系统的接口管理

集成系统对应用层提供统一的访问接口，屏蔽掉底层数据库的差异性，达到数据的透明访问。对底层数据库提供统一的数据接口，在底层数据库的数据表进行修改时，通过该接口进行相关信息的增量同步。

3.1.2.2 多源异构数据库适配模块开发

多源异构数据库适配模块将源数据库中需要备份的数据表备份到目的数据库中，采用 C/S 架构、支持源数据库向位于不同 IP 的 SQL Server 数据库端汇集数据表。开发采用的是 Java 语言，由于其跨平台特点，开发的 jar 包可以部署在不同操作系统以及不同的计算机体系结构中。依据部署的平台配置成对应格式的文件。适配模块开发的客户端支持手动和自动两种传输模式，支持多级数据表的首次数据表备份，ID 增量备份和全增量备份等方式，同时利用多线程技术极大提高了传输数据表的效率。

1. 系统运行

本软件可运行在 PC 机及兼容机上，使用 Windows 操作系统。直接单击相应的图标就可以显示出软件的界面。

2. 系统界面

系统界面由六个部分组成分别是：数据源、数据表、目标、操作区、进度区、消息输出区（图 3.6）。

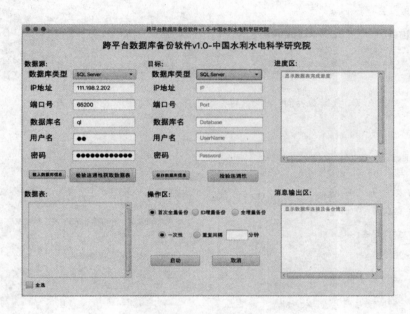

图 3.6　系统界面

（1）数据源。图 3.7 显示的是数据源，即需要备份的数据库 Source _ Database。默认的就是服务器上所部署的并行数据库，IP 地址、端口号、用户名和密码都已经固定。

（2）数据表。连通数据源显示里面的数据表内容，并且可以通过选中需要进行备份的表进行备份（图 3.8）。

（3）目标。目标数据库就是需要备份的数据库。

目标数据库需要输入具体的数据库信息以便连接目标数据库。IP 地址：输入目标数据库的 IP 信息。端口号：输入目标数据库的端口号。数据库名：输入目标数据库的名字。用户名：数据库的用户名。密码：输入目标数据库的连接密码（图 3.9）。

（4）操作区。操作区位于界面上的操作区模块，即备份数据库时候，选择不同的功能模块进行不同方式的数据库的备份（图 3.10）。

1）首次全量备份。适用于目标数据库是空库的情况，程序启动后，将选中的数据表在目标库中生成，并导入全量的数据，这个操作是一次性的。

图 3.7 数据源界面

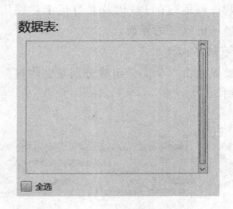

图 3.8 数据表

图 3.9 目标数据库

图 3.10 操作区

2）ID 增量备份。ID 增量备份为增量备份，已经有的内容不获取、不备份，适用于每个库表都有 ID 这个字段，且该字段是自增长的情况。

3）全增量备份。全增量备份判定是否为同一条数据的标准是各字段都一样。如果一样则不进行备份。

4）一次性。代表该次备份运行是一次性的，运行完就结束。

5）重复间隔。配合间隔，代表间隔多长时间重复执行；选中重复间隔之后必须要输入整数的重复间隔时间。

6）启动。单击"启动"按钮后开始执行。

7）取消。单击"取消"按钮后，如果程序已经启动，则强行取消。

（5）进度区和消息输出区。进度区显示各个数据表的备份进度，其中界面右上角显示数据库中的数据表备份的完成。消息输出区输出一些系统运行中的信息，包括错误、异常等消息（图 3.11）。

图 3.11 进度区和消息输出区

3. 功能模块

多源异构数据库同步软件包括首次全量备份、ID 增量备份和全增量备份三大功能（图 3.12）。

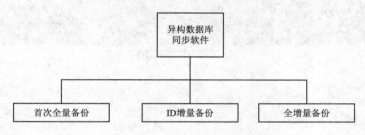

图 3.12 软件功能模块图

（1）首次全量备份。首次全量备份适用于目标数据库是空库的情况，程序启动后，将选中的数据表在目标库中生成，并导入全量的数据，这个操作是一次性的，仅首次备份需要。

（2）ID 增量备份。为增量备份，已经有的内容不获取、不备份，适用于每个库表都有 ID 这个字段，且该字段是自增长的情况。

（3）全增量备份。数据表中判断同一条数据的标准是各字段都一样。同已有的内容不获取、不备份，仅增量备份。

3.2 区域水环境管理平台数据共享接口管理模块开发

区域水环境管理平台数据共享接口管理模块由京津冀原有地区管理平台数据构成梳理分析，数据及接口规范编制等组成。

3.2.1 设计思路

1. 架构设计

架构设计如图 3.13 所示。

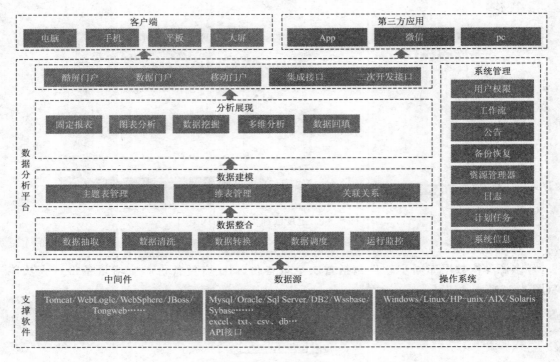

图 3.13 架构设计

2. 业务结构

业务结构如图 3.14 所示。

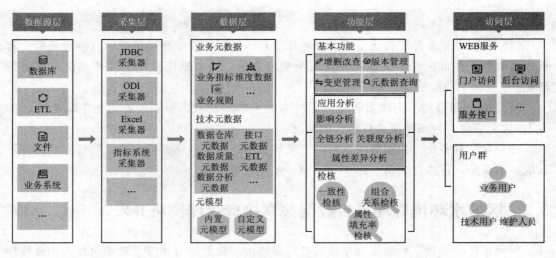

图 3.14 业务结构

3.2.2 接口规范

1. 协议

API 与客户端用户的通信协议总是使用 HTTPS 协议，以确保交互数据的传输安全。

2. 域名

如果确定 API 很简单，不会有进一步扩展，可以考虑放在主域名下：https：//www.example.com/api。

3. 版本控制

（1）应该将 API 的版本号放入 URL。

（2）采用多版本并存，增量发布的方式。

（3）版本号分为整型和浮点型：

A. 整型：大功能版本，如 v1、v2、v3...。

B. 浮点型：补充功能版本，如 v1.1、v1.2、v2.1、v2.2...。

对于一个 API 或服务，应在生产中最多保留 3 个最详细的版本。

4. 路径规则

路径又称"终点"（end point），表示 API 的具体网址。

在 RESTful 架构中，每个网址代表一种资源（resource），所以网址中不能有动词，只能有名词。

数据库中的表一般都是同种记录的"集合"（collection），所以 API 中的名词也应该使用复数。

5. 请求方式

GET（SELECT）：从服务器取出资源（一项或多项）。

POST（CREATE）：在服务器新建一个资源。

PUT（UPDATE）：在服务器更新资源（客户端提供改变后的完整资源）。

DELETE（DELETE）：从服务器删除资源。

6. 传入参数

传入参数分为 4 种类型：①Cookie；②request header；③请求 body 数据；④地址栏参数。

7. 响应参数

响应参数如图 3.15 所示。

```
response:
--------------------------------
{
  status: 200,            // 详见【status】

  data: {
    code: 1,              // 详见【code】
    data: {} || [],       // 数据
    message: '成功',       // 存放响应信息提示,显示给客户端用户【须语义化中文提示】
    sysMessage: 'success' // 存放响应信息提示,调试使用,中英文都行
    ...                   // 其它参数,如 total【总记录数】等
  },

  msg: '成功',             // 存放响应信息提示,显示给客户端用户【须语义化中文提示】
  sysMsg: 'success'       // 存放响应信息提示,调试使用,中英文都行
}
```

图 3.15　响应参数

8. 一致性原则

参数尽量以一致格式的字符串传递。

3.2.3　数据共享内容

3.2.3.1　数据来源及类型

（1）环保部网站。监测要素：实时空气质量、空气质量日报、空气质量预报、实时地表水水质。

（2）北京市生态环境局。监测要素：水环境质量月报。

（3）北京市水务局。监测要素：城市河湖水情、地表水水质、城市雨情、水厂供水水量、大中型水库水情。

（4）河北省生态环境厅。监测要素：水质周报。

（5）廊坊环保局微信公众号。监测要素：重点源监控、河流水质监测、水环境一张图、流域水质监测。

（6）天津市生态环境监测中心。监测要素：水环境月报。

3.2.3.2　数据表设计

（1）全国及重点区域空气质量形式预报，如图 3.16 所示。

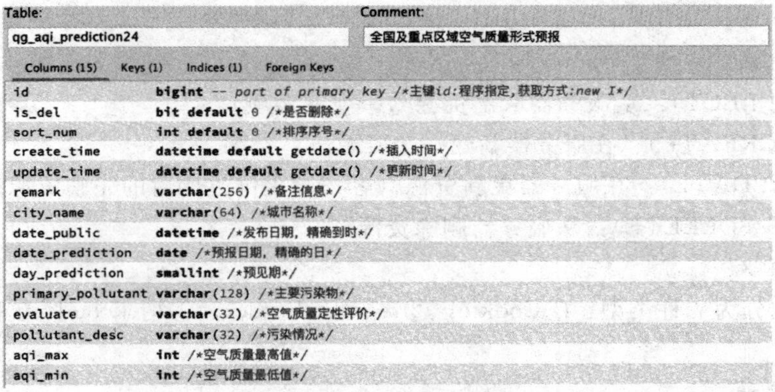

图 3.16　全国及重点区域空气质量形式预报

（2）北京市水务局—水厂供水—月报表，如图 3.17 所示。

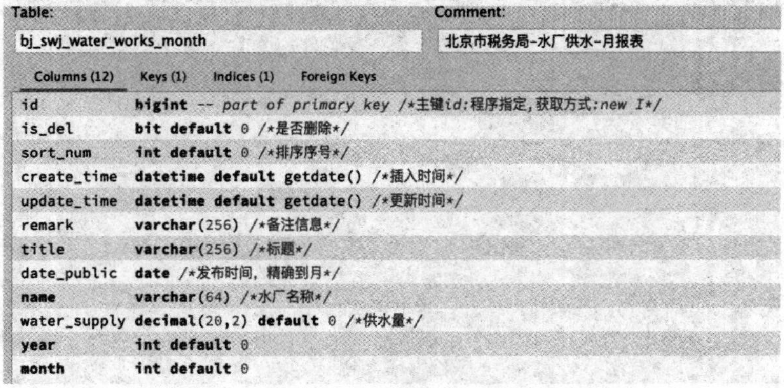

图 3.17　北京市水务局—水厂供水—月报表

（3）北京市生态环境局—水环境质量，如图 3.18 所示。

Table:				Comment:
bj_weq_month				北京市生态环境局–水环境质量月
Columns (13)	Keys (1)	Indices (1)	Foreign Keys	
id	bigint -- part of primary key /*主键id:程序指定,获取方式:new I*/			
is_del	bit default 0 /*是否删除*/			
sort_num	int default 0 /*排序序号*/			
create_time	datetime default getdate() /*插入时间*/			
update_time	datetime default getdate() /*更新时间*/			
remark	varchar(256) /*备注信息*/			
type	tinyint /*类型: 1河流2湖泊3水库*/			
name	varchar(128) /*名称（河流、湖泊、水库）*/			
year	int /*年份*/			
month	int /*月份*/			
level	varchar(32) /*水质类别*/			
water_system	varchar(128) /*水系*/			
region	varchar(128) /*所在区域*/			

图 3.18　北京市生态环境局—水环境质量

（4）国家地表水水质自动监测，如图 3.19 所示。

Table:				Comment:
qg_surface_water				国家地表水 水质自动监测实时数
Columns (16)	Keys (1)	Indices (1)	Foreign Keys	
id	bigint -- part of primary key /*主键id:程序指定,获取方式:new I*/			
is_del	bit default 0 /*是否删除*/			
sort_num	int default 0 /*排序序号*/			
create_time	datetime default getdate() /*插入时间*/			
update_time	datetime default getdate() /*更新时间*/			
remark	varchar(256) /*备注信息*/			
section_name	varchar(128) /*断面名称*/			
date_measure	datetime /*测量时间, 精确到分*/			
ph	decimal(10,2) /*ph值*/			
o2	decimal(10,2) /*溶解氧*/			
nh3	decimal(10,2) /*氨气*/			
kmno4	decimal(10,2) /*高锰酸盐指数, 高锰酸钾化学式代*/			
organic_salt	decimal(10,2) /*总有机碳*/			
level	varchar(64) /*水质类别*/			
section_prop	varchar(128) /*断面属性*/			
section_desc	varchar(128) /*站点情况*/			

图 3.19　国家地表水水质自动监测

（5）北京环保部网站—实时空气质量，如图 3.20 所示。

Table:				Comment:
bj_hbb_aqi_daily				北京-环保部网站-实时空气质量日
Columns (12)	Keys (1)	Indices (1)	Foreign Keys	
id	bigint -- part of primary key /*主键id:程序指定,获取方式:new I*/			
is_del	bit default 0 /*是否删除*/			
sort_num	int default 0 /*排序序号*/			
create_time	datetime default getdate() /*插入时间*/			
update_time	datetime default getdate() /*更新时间*/			
remark	varchar(256) /*备注信息*/			
city_name	varchar(64) /*城市名称*/			
city_id	bigint /*城市id*/			
aqi	int /*aqi*/			
primary_pollutant	varchar(126) /*首要污染物*/			
data_date	datetime /*数据日期*/			
aqi_level	varchar(64) /*空气质量级别*/			

图 3.20　北京环保部网站—实时空气质量

（6）北京市水务局—城市河湖水情，如图 3.21 所示。

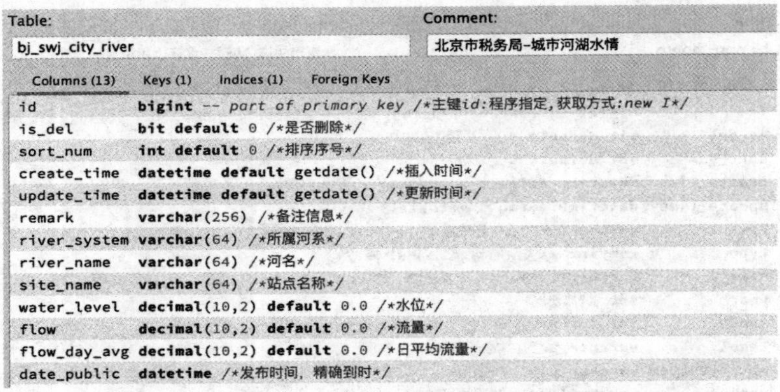

Table:		Comment:
bj_swj_city_river		北京市税务局-城市河湖水情

Columns (13)	Keys (1)	Indices (1)	Foreign Keys

```
id          bigint -- part of primary key /*主键id:程序指定,获取方式:new I*/
is_del      bit default 0 /*是否删除*/
sort_num    int default 0 /*排序序号*/
create_time datetime default getdate() /*插入时间*/
update_time datetime default getdate() /*更新时间*/
remark      varchar(256) /*备注信息*/
river_system varchar(64) /*所属河系*/
river_name  varchar(64) /*河名*/
site_name   varchar(64) /*站点名称*/
water_level decimal(10,2) default 0.0 /*水位*/
flow        decimal(10,2) default 0.0 /*流量*/
flow_day_avg decimal(10,2) default 0.0 /*日平均流量*/
date_public datetime /*发布时间, 精确到时*/
```

图 3.21　北京市水务局—城市河湖水情

（7）北京市水务局—大中型水库水情，如图 3.22 所示。

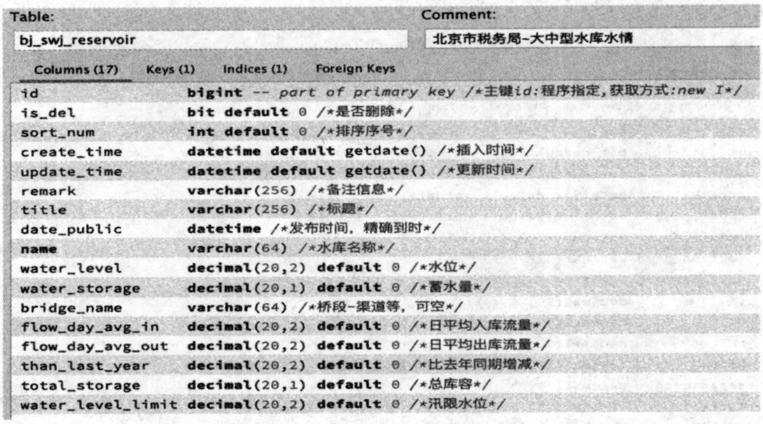

Table:		Comment:
bj_swj_reservoir		北京市税务局-大中型水库水情

Columns (17)	Keys (1)	Indices (1)	Foreign Keys

```
id             bigint -- part of primary key /*主键id:程序指定,获取方式:new I*/
is_del         bit default 0 /*是否删除*/
sort_num       int default 0 /*排序序号*/
create_time    datetime default getdate() /*插入时间*/
update_time    datetime default getdate() /*更新时间*/
remark         varchar(256) /*备注信息*/
title          varchar(256) /*标题*/
date_public    datetime /*发布时间, 精确到时*/
name           varchar(64) /*水库名称*/
water_level    decimal(20,2) default 0 /*水位*/
water_storage  decimal(20,1) default 0 /*蓄水量*/
bridge_name    varchar(64) /*桥段-渠道等, 可空*/
flow_day_avg_in decimal(20,2) default 0 /*日平均入库流量*/
flow_day_avg_out decimal(20,2) default 0 /*日平均出库流量*/
than_last_year decimal(20,2) default 0 /*比去年同期增减*/
total_storage  decimal(20,1) default 0 /*总库容*/
water_level_limit decimal(20,2) default 0 /*汛限水位*/
```

图 3.22　北京市水务局—大中型水库水情

（8）河北省—生态环境厅—主要流域，如图 3.23 所示。

Table:		Comment:
hb_sthj_water_quality		河北省-生态环境厅-主要流域重点

Columns (21)	Keys (1)	Indices (1)	Foreign Keys

```
id             bigint -- part of primary key /*主键id:程序指定,获取方式:new I*/
is_del         bit default 0 /*是否删除*/
sort_num       int default 0 /*排序序号*/
create_time    datetime default getdate() /*插入时间*/
update_time    datetime default getdate() /*更新时间*/
remark         varchar(256) /*备注信息*/
title          varchar(512) /*标题*/
date_public    date /*发布日期*/
date_range     varchar(256) /*时间范围*/
site_name      varchar(128) /*站点名称*/
section_desc   varchar(128) /*断面状况*/
ph             decimal(10,2) /*pH值*/
dodo           decimal(10,2) /*do*/
cod            decimal(10,2) /*cod*/
nh3            decimal(10,2) /*氨气*/
week_wq        varchar(32) /*本周水质*/
week_wq_last   varchar(32) /*上周水质*/
primary_pollution varchar(32) /*首要污染指数*/
year           int default 0 /*年份*/
week           int default 0 /*周数*/
water_system   varchar(32) /*水系*/
```

图 3.23　河北省—生态环境厅—主要流域

（9）天津生态环境—地表水环境质量，如图 3.24 所示。

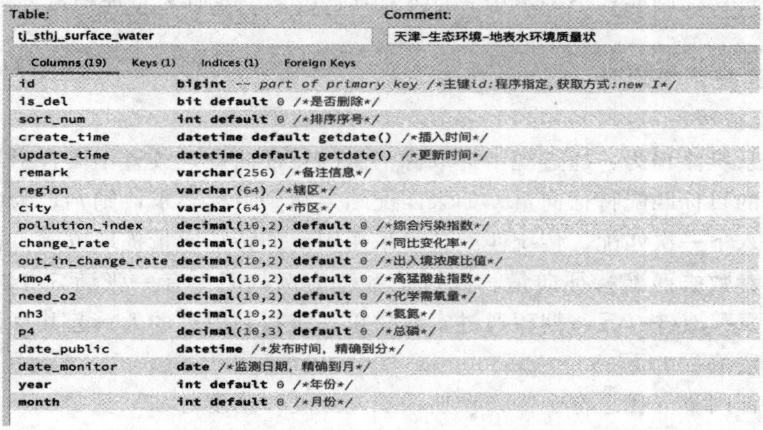

图 3.24　天津生态环境—地表水环境质量

3.3　数据交换参数的智能匹配系统开发

随着物联网、移动互联网技术的发展以及集群网格云计算技术的应用，网络空间中的数据采用的是分布式多空间网格存储的传输，在网络空间中产生的数据量以几何级数增长，分布式多空间数据的优化存储和调度设计能有效降低数据存储的开销，提高数据计算和处理的效率。在分布式网络空间中，多空间数据存储和检索离不开数据的交换处理和智能调度，面对数据爆炸式的增长，依托数据交换参数的智能匹配技术构建云环境下公平性优化的资源分配方法，能够提高数据调度和检索的有效性。

3.3.1　流式计算技术

大数据流式计算技术将多种数据源的数据整合并切割成小块，进而对数据进行并行处理，在流数据不断变化过程中进行实时分析，捕捉并返回可能对用户有用的信息。流式计算技术种类繁多，如 Ya-hoo 的 S4、Twitter 的 Storm、Facebook 的 Puma，以及被称为"Hadoop 替代者"的 Spark 和 Spark Streaming。其中，S4 不支持"至少递送一次"的规则，导致其有丢失事件的风险；尽管 Storm 应用较多，但其性能差强人意。相较而言，Spark Streaming 采用"微批量"的处理技术，处理性能较高，应用非常广泛。此外，Spark 和图算法、机器学习算法天然具备兼容性，生态发展较好。

Spark 是一个类似 Map Reduce 的并行计算框架，其核心数据结构是弹性分布式数据集（Resilient Distributed Datasets，RDD），提供比 MapReduce 更丰富的模型，可在内存中对 RDD 进行多次计算和迭代，并支持复杂的图算法和机器学习算法。Spark Streaming 是一个建立在 Spark 之上的实时计算框架，它扩展了 Spark 处理大规模流式数据的能力，复用 Spark 接口实现复杂的实时算法，且与 Spark 生态中的其他组件兼容性好。Spark Streaming 处理原理，将数据流按时间片划分为若干段数据，每一段数据作为一个 RDD，处理引擎对每个 RDD 进行 Filter、Map、Reduce 等算法操作后，将其作为 Spark Job 提交给 Spark 引擎进行计算。Spark Streaming 支持数百节点的分布式实时计算，具备计算的高可用、容错特性。因此，本书采用 Spark Streaming 作为后文智能匹配系统的主要流式计算技术。

3.3.2　智能匹配系统设计

3.3.2.1　匹配流程

智能匹配系统流程为：通过规则提取源消息的特征向量，放置于撮合引擎中；撮合引擎以预先设定的目标匹配特征向量；如果匹配结果达到目标要求，则判定为匹配成功否则匹配失败，进入下一次匹配。传统匹配技术采用固定的特征向量提取方式，在撮合系统中也使用固定的参数去匹配特征向量。以拼单系统为例，用户有一张满 500 减 200 的优惠券，但预期消费只有 300 元，期望通过实时拼单系统找到附近的人一起共享优惠券，传统的匹配技术算法流程如下：

输入：特征向量（优惠券金额，预期消费，经度，维度）。

输出：匹配结果。

(1) 提取特征向量。

(2) 将特征向量导入撮合引擎。

(3) 撮合引擎根据预先设置参数（如向量权重，超时时间）匹配附近的人。

(4) 匹配成功，则返回配对信息。

(5) 匹配失败且未超时，则返回步骤（2）继续匹配。

(6) 匹配失败且超时，则返回匹配失败。

如果参数配置不合理，将可能导致客户等待时间太长、匹配失败、距离太远、总体消费金额太多等问题，从而导致客户流失。此外，由于客户向系统发送的数据仅是固定的特征向量，客户的其他信息（如历史消费次数、信用等级、消费路线等）并未在匹配算法中占有权重，可能使不诚信用户被频繁推送，从而导致拼单系统无法精准推送优惠券，用户体验效果不佳。可见，传统匹配技术无法跟上服务升级速度，也无法满足需求的时效性和准确性，本书提出基于实时大数据的智能匹配系统，能有效解决以上问题。

3.3.2.2　匹配系统节点设计

智能匹配系统采用分布式部署结构，有三个节点。

1. 中央控制节点

负责存放当前的特征提取规则以及匹配参数（向量因子权重、超时时间等），实时接收采集节点和撮合节点反馈，调用后端机器学习算法调整模型，并修正规则和参数。

2. 采集节点

负责从多个客户端收集用户请求信息，从中央控制节点获取特征提取规则，按规则对信息进行特征提取，并生成统一格式的报文通过 Kafka 发送给撮合节点。采集节点会收集用户的反馈信息，并向中央控制节点进行反馈。

3. 撮合节点

撮合节点负责接收采集节点发过来的信息，按照一定规则，以预先设定的目标进行撮合。撮合节点和中央控制节点保持通信，随时根据中央控制节点参数调整撮合行为。撮合节点根据匹配成功率、匹配效果向中央控制节点反馈。

3.3.2.3　匹配系统运行机制

用户将匹配请求发送到采集节点，采集节点根据从中央控制节点获取的特征提取规则，对原始请求进行规则提取和规范化处理，得到特征向量，并将这些特征向量按不同主题发送给不同的撮合节点。撮合节点根据从中央控制节点获取的匹配参数（例如向量中不同特征的权重）及匹配目标，将采集节点传来的特征向量流封装成若干分布式弹性数据集（RDD）以及一系列操作，将其提交给 Spark Streaming 进行匹配处理。Spark Streaming 分为多个微批次进行处理，每次处理后都会存在一些匹配失败的特征向量。撮合节点将这些向量暂时缓存在 Redis，积累到一定数量后，根据机器学习算法结果调整参数，再次封装为 RDD 提交给 Spark 进行二次匹配。撮合节点还会根据匹配成功率、匹配效果向中央控制节点进行反馈，以帮助中央控制节点标记参数样本，进行自我优化。

3.3.3　智能匹配系统实现

3.3.3.1　中央控制节点

中央控制节点主备两个，只有一个节点处于活跃状态，另一个节点随时处于待命状态，主备节点共享存储。中央控制节点用于存放当前的特征提取规则以及匹配参数（向量因子权重、超时时间等），实时接收采集节点和撮合节点反馈，调用后端机器学习算法调整模型，并修正规则和参数。机器学习算法持续接收反馈，不断迭代更新模型，直到模型稳定。每当规则和参数发生变化时，都会发起一次同步请求，将信息同步到采集节点和撮合节点。

3.3.3.2　采集节点

采集节点收集用户原始请求，并根据最新的提取规则提取出特征向量，将向量规则化后通过 Kafka 发送给撮合节点。采集节点同时会收集用户的反馈信息，比如匹配结果是否满意、等待时间是否太长等，同时向中央控制单元汇报。采集节点可通过 Redis 缓存一些用户请求，然后集中进行处理后发至 Kafka 队列，以提升系统吞吐量；接收数据时，也可一次接收多个用户请求，再逐一通知给用户，如图 3.25 所示。

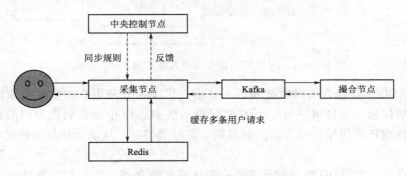

图 3.25　采集节点具体实现

3.3.3.3　撮合节点

撮合节点封装了核心匹配算法。Spark Streaming 将撮合节点接收到的流数据划分成段，每一段对应一个 RDD，撮合算法只需要定义基于这些 RDD 的运算即可。简单撮合算法思路是：先对数据集进行排序，然后从头遍历数据集，对每一个元素从尾部寻找和它匹配的元素；如果匹配，则移除匹配成功的所有元素，如果不匹配，则该元素进入下一次匹配。整个过程迭代数次，直至结果集稳定，伪代码如图 3.26 所示。

```
sort（dataSet）
    while（iteration_times＞0）
    do
        for（element in dataSet）
        find element from the dataset match the destination
from the tail
            if（match）
                remove matched elements
            fi
    done
    done
```

图 3.26   撮合算法伪代码

由于传入的向量是多维度的，上述代码需要在满足既定条件情况下，按照其他因子选取最优解。例如在拼单系统中，两名用户的凑单金额高于消费券的最低消费额即为匹配成功，但是两位用户的距离和信用评价将影响最优匹配结果，而这些因子的权重是由中央控制节点提供的。撮合节点不断反馈匹配成功率和匹配效果，以使中央控制单元不断优化参数，具体实现如图 3.27 所示。

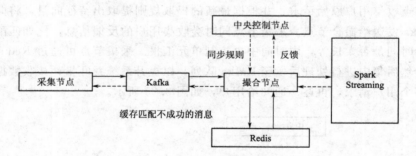

图 3.27   撮合节点具体实现

此外，RDD 中应包含实时数据和历史数据。算法在处理用户的实时请求时，可根据用户的关键域信息（例如用户 ID、活跃时间等）从 HBase 中查询到该用户的历史请求明细，并分析该用户的信用、行为、消费习惯、偏好等特征，从而为用户选择更合适的匹配对象。

撮合节点对一个 RDD 的匹配计算不一定让所有消息都完美匹配，那些没有匹配成功的消息将被缓存进 Redis，加入下一次匹配。

3.4   小结

本章依据京津冀地区水环境管理业务实际需求，开展北京市、天津市和河北省业务部门水环境相关数据衔接与共享交换研究。针对水环境相关的水质监测、污染源排放等数据具有数据节点多、数据量庞大的特点，建立数据采集端与平台数据库的传输通道，从而实现各业务部门数据的高效传输与平台接入。关键技术如下：

（1）数据交换节点的自适应桥接测试。开发数据交换节点的自适应桥接算法，保证匹配高速通道、架构模式复制、数据资源物理地址、交换方式、交换链路、交换通道等的正确性。

（2）异构水环境数据的接入适配模块开发。在水环境数据接入过程中，为处理原有地方系统的数据异构问题，需要开发专门的接入适配模块，满足实际系统的业务化运行需求，并以河北、天津地区业务平台开展验证。相关工作主要包括异构数据抽象建模、交换平台接口函数二次开发等。

（3）区域水环境管理平台数据共享接口管理模块开发。包括京津冀原有地区管理平台数据构成梳理分析，数据及接口规范编制等工作。

（4）金字塔式的数据交换管理模式编写与测试。为保证数据交换系统设计的合理性，针对数据交换系统的架构设计进行测试验证，包括纵向交换模式、横向交换模式、点对点交换模式，对各类模式的交换可行性进行验证。

（5）数据交换参数的智能匹配编写与测试。模拟各种不同的数据交换场景，构建数据交换实例，按照数据交换标准性最高、可靠性最高、安全性最优等相关的优化目标，验证测试数据交换参数智能匹配的正确性。

第4章 大清河流域主要污染源识别

4.1 野外采样点布设

本书以大清河流域为研究区域，参照《水质—采样方案设计技术规程》（HJ 495—2009）的同时结合大清河流域的河网及地形地貌特征选取具有代表性的 9 个监测点（表 4.1）。为了保证数据的完整性和一致性，选取 9 项常规水质监测指标：水温（T）、酸碱度（pH 值）、电导率（CE）、浊度（Turbidity）、溶解氧（DO）、高锰酸钾指数（COD_{Mn}）、氨氮（NH_3 - N）、总磷（TP）。

表 4.1 白洋淀区采样监测点地理信息

污染带	采样编号	采样点	经 度	纬 度
南	W1	端村	115°57′07.78″	38°50′55.26″
南	W2	采蒲台	116°00′46.66″	38°49′41.64″
南	W3	圈头	116°00′41.24″	38°52′05.21″
西	W4	安新桥	115°55′25.71″	38°54′16.69″
西	W5	光淀张庄	116°00′18.10″	38°54′15.70″
西	W6	枣林庄	116°05′12.06″	38°54′14.38″
北	W7	留通	115°59′24.13″	38°57′40.78″
北	W8	大张庄	115°58′45.81″	38°55′34.57″
北	W9	王家寨	115°59′56.54″	38°54′58.17″

4.2 样品的采集与分析

用多参数水质监测仪现场测定河道中央表层水的温度、浊度、DO、pH 值、电导率；现场采用有机玻璃采样器或塑料桶采集表层水样，按《水质 样品的保存和管理技术规定》（HJ 493—2009）要求固定和保存水样，并带回实验室分析。

带回实验室的水样立即用小孔径筛网过滤除去较大杂物后用 0.45μm 孔径的滤膜或三层滤纸过滤，得到约 200mL 水样，在其中加入 3 滴饱和氯化汞后放于冰箱内（低于 4℃）冷藏，并尽快按照国家标准分析主要水质参数。根据丰、枯水期采样数据，分析多年时空变化及识别其污染源。

4.3 数据分析和数据处理方法

常用的分析方法有聚类分析、因子分析、绝对主成分多元线性回归模型和综合污染指数法。

4.3.1 聚类分析

聚类分析是根据研究对象的特性，对它们进行定量分析的一种多元统计方法。从数据分析的角度看，它是对多个样本进行定量分析的多元统计分析方法，可以分为两种：一是对样本进行分类，称为 Q 型聚类分析；二是对指标进行分类，称为 R 型聚类分析。从数据挖掘的角度看，又大致可以分为四种，分别是划分聚类、层次聚类、基于密度的聚类和基于网格的聚类。无论从哪个角度看，聚类分析的基本思想都是在样品之间定义距离，在变量之间定义相似系数、距离或相似系数代表样品或变量之间的相似程度，按照相似程度的大小，将样品（或变量）逐一归类，直到所有的样品（或变量）都聚集完毕，形成一个表示亲属关系的谱系图。流域水质评价中常按照监测时间和监测断面的地理位置进行聚类，分析流域水质的时空变化特征[132-133]。

在聚类分析中，常用的聚类要素的数据处理方法包括总和标准化、标准差标准化、极大值标准化和极差的标准化。经过标准化所得的新数据，各要素的极大值为 1，极小值为 0，其余的数值均为 0~1。常用的聚类分析方法包括直接聚类法、最短距离聚类法和最远距离聚类法等。

1. 直接聚类法

直接聚类法是根据距离矩阵的结构依次并类得到结果，其基本步骤如下：

（1）把各个分类对象单独视为一类。

（2）根据距离最小的原则，依次选出一对分类对象，并成新类。

（3）如果其中一个分类对象已归于一类，则把另一个也归入该类；如果一对分类对象正好属于已归的两类，则把这两类并为一类；每一次归并，都划去该对象所在的列与列序相同的行。

（4）经过 $m-1$ 次即可把全部分类对象归为一类，这样就可以根据归并的先后顺序作出聚类谱系图。

2. 最短距离聚类法

最短距离聚类法是在原来的 $m \times m$ 距离矩阵的非对角元素中找出不大于距离阈值的最小元素，把分类对象 Gp 和 Gq 归并为一新类 Gr，然后按计算公式计算原来各类与新类之间的距离，这样就得到一个新的 $(m-1)$ 阶的距离矩阵。再从新的距离矩阵中选出最小者，把 Gi 和 Gj 归并成新类；再计算各类与新类的距离，直至各分类对象被归为一类为止。

3. 最远距离聚类法

最远距离聚类法与最短距离聚类法的区别在于计算原来的类与新类距离采用的公式不同。

4.3.2　因子分析

　　因子分析是指研究从变量群中提取共性因子的统计技术，最早由英国心理学家斯皮尔曼（1863—1945）提出。该方法是将多个实测变量转换为少数几个不相关综合指标，并用少数几个有代表性的因子概括多维变量所包含的信息。它的基本思想是将观测变量按相关性大小进行分类，将相关性高的即联系比较紧密的分在同一类中，而不同变量之间的相关性则较低，每一类变量实际上就代表了一个基本结构，即公共因子。对于所研究的问题就是试图用最少个数的公共因子的线性函数与特殊因子之和来描述原来观测的每个变量，以达到合理解释存在于原始变量间的相关性和简化变量维数的目的。因子分析在水资源和水环境研究中应用比较广泛[134-135]。

　　因子分析的方法有两类：一类是探索性因子分析法；另一类是验证性因子分析。探索性因子分析不事先假定因子与测度项之间的关系，而让数据"自己说话"，主成分分析和共因子分析是其中的典型方法。验证性因子分析假定因子与测度项的关系是部分知道的，即哪个测度项对应于哪个因子，虽然尚且不知道具体的系数。

　　探索性因子分析有一些局限性：第一，它假定所有的因子（旋转后）都会影响测度项。在实际研究中，往往会假定各因子之间没有因果关系，所以可能不会影响其他因子的测度项。第二，探索性因子分析假定测度项残差之间是相互独立的。实际上，测度项的残差之间可以因为单一方法偏差、子因子等因素而相关。第三，探索性因子分析强制所有的因子为独立的。这虽然是求解因子个数时不得不采用的权宜之计，却与大部分的研究模型不符。最明显的是，自变量与应变量之间应该是相关的，而不是独立的。这些局限性就要求有一种更加灵活的建模方法，使研究者不但可以更细致地描述测度项与因子之间的关系，而且可以对这个关系直接进行测试。而在探索性因子分析中，一个被测试的模型（如正交的因子）往往不是研究者理论中的确切的模型。

　　验证性因子分析的强项在于它允许研究者明确描述一个理论模型中的细节。因为测量误差的存在，研究者需要使用多个测度项。当使用多个测度项之后，就存在测度项的"质量"问题，即有效性检验。而有效性检验就是要看一个测度项是否与其所设计的因子有显著的载荷，并与其不相干的因子没有显著的载荷。当然，进一步检验一个测度项工具中是否存在单一方法偏差，一些测度项之间是否存在"子因子"。这些测试都要求研究者明确描述测度项、因子、残差之间的关系。对这种关系的描述又称为测度模型。对测度模型的质量检验是假设检验之前的必要步骤。验证性因子分析往往用极大似然估计法求解，它往往与结构方程的方法连用。

4.3.3　绝对主成分多元线性回归模型

　　Thurston 和 Spengler 于 1985 年提出绝对主成分-多元线性回归模型（APCS－MLR 模型）[136]，在原始数据进行标准化后因子分析的基础上得到因子的绝对真实得分（APCS），再结合多元线性回归模型计算公因子对水体指标的贡献率。APCS－MLR 模型可以定量刻画各主要污染因子对受体中各水质指标的贡献，近年来在水环境污染源解析研究中得到了广泛应用。目前，APCS－MLR 模型在大气污染源解析中应用较多，可以解析自然过程或者人为过程对大气环境质量的影响，在水环境污染源解析中主要运用于河流水体。研究结果表明，该模型能够较好地反映生活、工业和农业等常规污染源的贡献。通过对已知的数据进行分析，可以运用 APCS-MLR 模型计算污染源对 9 项水质监测指标的贡献率，解析河流污染源[137-141]。

APCS-MLR 模型的计算步骤如下：

（1）基于绝对主成分的污染源识别。APCS-MLR 模型的第一步是提取水质指标的主成分，作为污染源判别和量化的依据。提取的主成分得分计算公式为

$$(A_z)_{jk} = \sum_{j=1}^{P} w_j z_k \tag{4.1}$$

$$z_k = \frac{c_k - \bar{c}}{\sigma} \tag{4.2}$$

式中：z_k 为 k 观测点标准化的污染物浓度，mg/L；j 为 PCA 过程中得到的主成分序号；$(A_z)_{jk}$ 为主成分的得分值；w_j 为第 j 主成分的因子系数；c_k 为 k 处的污染物浓度，mg/L；$\bar{c}$ 为污染物浓度的算术平均值，mg/L；σ 是其标准差。

由于 $(A_z)_{jk}$ 是标准化的值，不能直接用于计算主成分（PCS）的原始贡献，必须把标准化的因子得分转化为非标准化的绝对主成分（APCS）才能用于 PCS 对污染物的贡献分析。APCS 的计算方法为

$$\text{APCS}_{jk} = (A_z)_{jk} - (A_0)_j \tag{4.3}$$

$$(A_0)_j = \sum_{i=1}^{i} S_{ij}(Z_0)_i \tag{4.4}$$

$$(Z_0)_i = \frac{0 - \bar{c}}{\sigma} \tag{4.5}$$

式中：$(A_z)_{jk}$ 为主成分的得分值；i 为水化学因子序号；$(A_0)_j$ 为 0 值下的主成分得分值；S_{ij} 为因子得分系数；$(Z_0)_i$ 为观测点零值标准化的污染物浓度，mg/L；$\bar{c}$ 为污染物浓度的算术平均值，mg/L；σ 是其标准差。

（2）基于多元线性回归的污染源贡献率计算。以实测水污染物浓度 C 为因变量，以绝对主成分 APCS 为自变量与污染物浓度之间进行多元线性回归分析，获得回归系数．对于污染物 j 的实测浓度 C_j，其与污染源 k（APCS）的线性关系为

$$C_j = \sum_k a_{kj} \text{APCS}_{kj} + b_j \tag{4.6}$$

式中：a_{kj} 表示污染源 k 对污染物 j 的回归系数；$a_{kj} \text{APCS}_{kj}$ 表示污染源 k 对污染指标浓度 C_j 的贡献；b_j 为多元线性回归的常数项。

所有样本的平均值代表污染源的平均贡献率，其中，回归方程的常数项 b_j 一般认为是未被识别源项的贡献值。污染源 k 对污染物 j 的贡献比例可用式（4.7）计算。

$$\text{PC}_{kj} = \frac{a_{kj} \overline{\text{APCS}_{kj}}}{b_j + \sum_k a_{kj} \overline{\text{APCS}_{kj}}} \tag{4.7}$$

未识别源的贡献为

$$\mathrm{PC}_{kj} = \frac{b_{kj}}{b_j + \sum_k a_{kj} \overline{\mathrm{APCS}_{kj}}} \tag{4.8}$$

式中：$\overline{\mathrm{APCS}_{kj}}$ 为污染物 j 的所有样本绝对主成分因子得分均值。

4.3.4　综合污染指数法

河流水质因子众多，利用所有的因子对水质进行评价有一定的难度，运用综合污染指数法对各监测断面的水质等级进行综合评价，以期为大清河流域的污染治理和水质改善提供参考[142-143]。

综合污染指数法是对各污染指标的相对污染指数进行统计，得出代表水体污染程度的数值。该方法可以确定研究水体的污染程度。综合污染指数的计算是在单项污染指数的基础上计算得到的，其计算公式为

$$P = \sum_{i=1}^{n} \frac{C_i}{C_{s,i}}$$

式中：P 为综合污染指数；C_i、$C_{s,i}$ 分别为各污染物浓度的实测值及其在地表水中的最高允许标准值。

该评价方法将水质分为清洁、微清洁、轻污染、中度污染、较重污染、严重污染、极严重污染等 7 个级别见表 4.2。

表 4.2　水 质 评 价 分 级

级别	1	2	3	4	5	6	7
水质状况	清洁	微清洁	轻污染	中度污染	较重污染	严重污染	极严重污染
指数	<0.2	0.2~0.5	0.5~1.0	1.0~5.0	5.0~10	10~100	>100

4.4　污染物时空分布特征

白洋淀水体的污染程度取决于上游各河（主要是府河即保定市）的排污强度及白洋淀自身的环境容量，即淀水水量或淀水位；污染范围主要受白洋淀的地貌及水文条件所控制。不同于大型水库或水面连成一片的湖泊，白洋淀是长期的闭闸，起闸放水时间短暂，因此除丰水年汛期外，白洋淀长时期呈现出一潭死水，加上地貌条件复杂多变，被污染的水体极不易扩散[130]。

白洋淀的大面积污染是从 20 世纪 70 年代开始的，1988 年干淀重新蓄水前白洋淀水质总体处于轻度污染及良好水平，因此，本书重点分析白洋淀重新蓄水后（1988—2006年）污染物浓度变化情况，分析总结白洋淀水质的空间分布与时间变化规律[131]。

4.4.1　主要污染物

从长期监测资料分析，对白洋淀构成污染的主要因素有以下 6 类：pH 值、氨氮、高锰酸盐指数（化学耗氧量 COD_{Mn}）、五日生化需氧量（BOD_5）、总磷及石油类。另外，表示水质富营养化的指标还有溶解氧（DO）含量。五毒（挥发酚、氰化物、汞、砷、六价铬）及重金属不是白洋淀的主要污染物，历次检测只有少量检出且不构成对白洋淀的污

染，水域中其他元素含量正常，铁、铜、锌、汞、锡、铬、铅均低于饮用水标准，只是荷花淀水样中锰（Mn）的含量可达 0.2mg/L，超过饮用水的标准（＜0.1mg/L），须指出的是虽然检出值不大，但有逐年增加的趋势。

白洋淀的污染主要是有机污染造成的富营养化问题，氨、磷是关键的营养元素。白洋淀水体中总氮与总磷的平均浓度比值为 36∶60，而生物以 7.2∶1 的比例吸收氨、磷，所以，磷是白洋淀富营养化的潜在限制因子。

4.4.2 污染物的空间分布

根据各监测点的位置及水体流动的特点，将所有监测断面划分为三个污染带：

（1）承接潴龙河、孝义河、唐河来水的端村—采蒲台—圈头—枣林庄南面污染带。

（2）承接府河、漕河、瀑河及萍河等河流来水的安新桥—光淀张庄—枣林庄西面污染带。

（3）承接北支白沟引河来水的留通—大张庄—王家寨—枣林庄北面污染带。

监测数据为水质监测断面的水质指标月均值数据，由河北省环保厅提供，监测和测试均符合《地表水环境质量标准》（GB 3838—2002）。白洋淀污染物质的空间分布与其来源、水流运动及物质扩散有关。运用综合污染指数法对各监测站点的水质进行评价。

评价结果（表 4.3）显示白洋淀污染总体上为有机污染，构成污染的主要物质为高锰酸盐指数、BOD_5 和总磷；水体污染物主要来自于保定市，因此污染物以府河入淀口为中心向淀体东部和南部扩散，其扩散速度受到地形地貌条件的控制。由于淀底平缓，淀体沟壕纵横，支离破碎，所以污染物的扩散十分缓慢，形成局部的集中污染，尤其是非汛期，枣林庄闭闸，白洋淀成了一潭死水，污染物的扩散大部分时间是靠水分子的运动作用进行，白洋淀北部多是呈季节性来水，入淀水量很小；西南部潴龙河、唐河自 1980 年以来多数为河干断流，在唐河入淀口设有唐河污水库，由于闸门漏水及不合理污灌，使部分污水通过渠道入淀，造成韩村、曲堤以东淀水的污染；漕河、瀑河入淀口水量很小，安新大桥水质也受到污染；而涝网淀、池鱼淀、前后塘及端村以南的水域，受区域工业污染源影响很小，再加上淀区地形地貌条件的影响，这些水域的水质基本良好。

表 4.3 各监测站点水质参数及其评价结果 单位：mg/L

污染带		溶解氧	高锰酸盐指数	COD	BOD_5	氨氮	总磷	综合污染指数	级别
南	端村	9.35	7.08	5.00	4.41	0.44	0.10	0.39	微清洁
南	采蒲台	9.69	6.71	6.42	2.66	0.29	0.05	0.18	清洁
南	圈头	9.04	7.12	6.05	3.44	0.43	0.05	0.08	清洁
西	安新桥	4.85	13.50	48.93	15.62	13.47	0.73	12.2	严重污染
西	光淀张庄	8.20	7.08	6.23	2.84	0.43	0.06	0.18	清洁
西	枣林庄	9.79	7.60	6.83	3.18	0.35	0.05	0.06	清洁
北	留通	9.05	6.50	5.00	3.63	0.83	0.09	0.45	微清洁
北	大张庄	8.47	8.19	5.30	6.15	2.44	0.21	2.31	中度污染
北	王家寨	9.17	8.29	5.72	6.19	2.11	0.19	1.95	中度污染

4.4.2.1 南污染带的水质状况

南污染带所在的水域属于白洋淀的水质良好区，几个测站均为尚清洁水质，其中，圈头站各种污染物的浓度较上游采蒲台稍高，水质较差。统计分析白洋淀承接潴龙河、孝义河、唐河来水的端村—采蒲台—圈头南面污染带，结果如图 4.1 和图 4.2 所示。

由图 4.1 可知：①溶解氧、高锰酸盐指数、COD、BOD_5 这 4 项水质参数浓度分布均匀，变化趋势不明显；②从浓度平均值看，溶解氧为 9.36mg/L，高锰酸盐指数为 6.97mg/L，BOD_5 为 3.50mg/L，分别超过了地表水环境质量标准中 I 类标准的 0.248 倍、2.485 倍和 0.168 倍；③从浓度极值看，采蒲台采样点出现 2 次最大浓度值点，溶解氧和 COD 分别为 9.69mg/L、6.42mg/L；端村采样点出现 1 次最大浓度值点，BOD_5 为 4.41mg/L，超过地表水环境质量标准中 III 类标准（4mg/L）；圈头采样点出现 1 次最大浓度值点，高锰酸盐指数为 7.12mg/L，超过地表水环境质量标准中 III 类标准（6mg/L）；④从污染级别看，端村呈现微清洁状态，综合污染指数为 0.39；采蒲台和圈头采样点的综合污染指数分别为 0.18 和 0.08，呈现清洁状态。

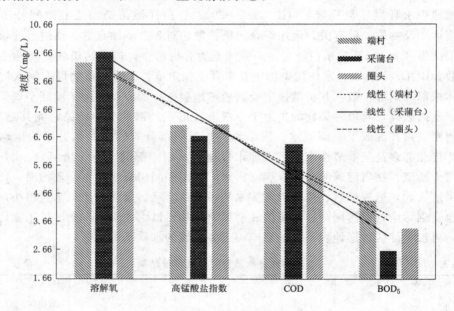

图 4.1　南污染带水质参数浓度分布

由图 4.2 可知：①氨氮、总磷这两项水质参数浓度分布均匀，变化趋势不明显；②从浓度平均值看，氨氮为 0.39mg/L，总磷为 0.07mg/L，分别超过了地表水环境质量标准中 I 类标准的 1.578 倍和 2.333 倍；③从浓度极值看，端村采样点出现 2 次最大浓度值点，氨氮和总磷分别为 0.44mg/L、0.1mg/L，超过地表水环境质量标准中 I 类标准（0.15mg/L、0.02mg/L）。

4.4.2.2 西污染带的水质状况

西污染带的水质主要受府河入淀水的影响，为各污染带中水质最差区域，安新桥为严重污染水质，由于淀内水体扩散及稀释作用，再加上汛期白沟引河有水入淀，下游光淀张庄水质已经恢复尚清洁。统计分析白洋淀承接府河、漕河、瀑河及萍河等河流来水的安新

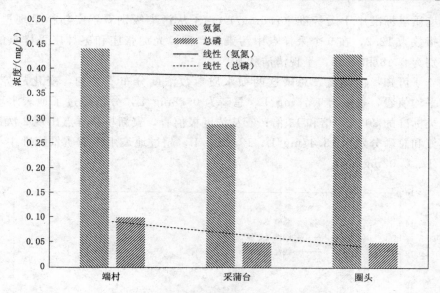

图4.2　南污染带各测站氨氮、总磷浓度分布

桥—光淀张庄—枣林庄西面污染带，结果如图4.3和图4.4所示。

由图4.3可知：①溶解氧、高锰酸盐指数、COD、BOD_5这4项水质参数浓度变化趋势较明显；②从浓度平均值看，溶解氧为7.61mg/L，高锰酸盐指数为9.39mg/L，COD为20.66mg/L，BOD_5为3.50mg/L，分别超过了地表水环境质量标准中Ⅰ类标准的0.015倍、3.697倍、0.378倍和1.404倍；③从浓度极值看，安新桥采样点出现3次最大浓度值点，高锰酸盐指数为13.5mg/L，超过地表水环境质量标准中Ⅳ类标准（10mg/L），COD和BOD_5分别为48.93mg/L和15.62mg/L，超过地表水环境质量标准中Ⅴ类标准（40mg/L、10mg/L）；枣林庄采样点出现1次最大浓度值点，溶解氧为9.79mg/L，超过

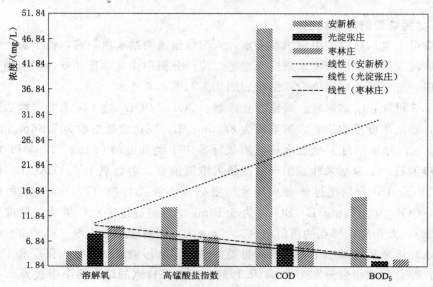

图4.3　西污染带水质参数浓度分布

地表水环境质量标准中 I 类标准 （7.5mg/L）；④从污染级别看，安新桥呈现严重污染，综合污染指数为 12.2，在 9 个采样点中污染最严重；光淀张庄和枣林庄采样点的综合污染指数分别为 0.18 和 0.06，呈现清洁状态。

由图 4.4 可知：①氨氮、总磷这两项水质参数浓度分布不均匀，变化趋势较明显；②从浓度平均值看，氨氮为 4.75mg/L，总磷为 0.28mg/L，分别超过了地表水环境质量标准中 I 类标准的 30.667 倍和 13 倍；③从浓度极值看，安新桥采样点出现 2 次最大浓度值点，氨氮和总磷分别为 13.47mg/L、12.2mg/L，超过地表水环境质量标准中 I 类标准（0.15mg/L、0.02mg/L）。

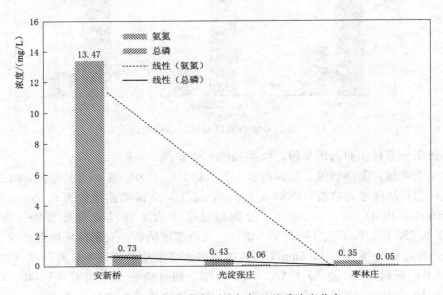

图 4.4　西污染带各测站氨氮、总磷浓度分布

4.4.2.3　北污染带的水质状况

北污染带主要承接白沟引河汛期来水，入淀口留通测站水质较好，但下游大张庄、王家寨受到府河入淀污水的影响水质反而变差。统计分析白洋淀承接北支白沟引河来水的留通—大张庄—王家寨北面污染带，结果如图 4.5 和图 4.6 所示。

由图 4.5 可知：①溶解氧、高锰酸盐指数、COD、BOD$_5$ 这 4 项水质参数浓度变化趋势不明显；②从浓度平均值看，溶解氧为 8.90mg/L，高锰酸盐指数为 7.66mg/L，BOD$_5$ 为 5.32mg/L，分别超过了地表水环境质量标准中 I 类标准的 0.186、2.83 和 0.774 倍；③从浓度极值看，王家寨采样点出现 4 次最大浓度值点，溶解氧为 9.17mg/L，高锰酸盐指数为 8.29mg/L，分别超过地表水环境质量标准中 IV 类标准（7.5mg/L）和 III 类标准（6mg/L），COD 为 5.72mg/L，BOD$_5$ 为 6.19mg/L，超过地表水环境质量标准中 V 类标准（6mg/L）；大张庄采样点的溶解氧（8.47mg/L）和高锰酸盐指数（8.19mg/L），分别超过地表水环境质量标准中 I 类标准和 III 类标准；④从污染级别看，大张庄和王家寨呈现中度污染，综合污染指数分别为 2.31 和 1.95；留通采样点的综合污染指数为 0.45，呈现微清洁。

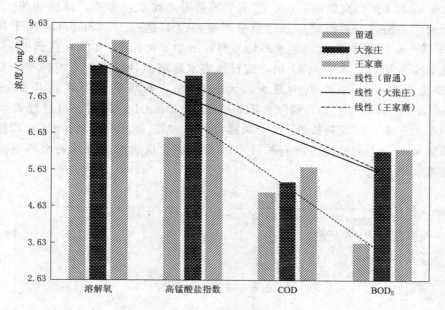

图 4.5　北污染带水质参数浓度分布

由图 4.6 可知：①氨氮、总磷这两项水质参数浓度分布不均匀，变化趋势较明显；②从浓度平均值看，氨氮为 1.79mg/L，总磷为 0.16mg/L，分别超过了地表水环境质量标准中 I 类标准的 10.956 倍和 7.167 倍；③从浓度极值看，大张庄采样点出现 2 次最大浓度值点，氨氮和总磷分别为 2.44mg/L、0.21mg/L，超过地表水环境质量标准中 I 类标准（0.15mg/L、0.02mg/L）。

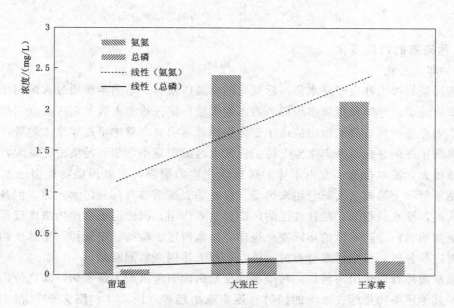

图 4.6　北污染带各测站氨氮、总磷浓度分布

统计分析白洋淀研究取南、西、北三个污染带之间水质参数，结果如图 4.7 所示。结果显示府河上游处安新桥采样点污染最严重，COD 达到 48.93mg/L，高于其他 8 个采样点 6.16～8.79 倍，超过地表水环境质量标准中 V 类标准。BOD_5 达到 15.62mg/L，高于其他 8 个采样点 1.52～4.87 倍，超过地表水环境质量标准中 V 类标准。安新桥处的氨氮和总磷在 9 个采样点中最大，大张庄和王家寨呈现中度污染状态，氨氮（2.44mg/L、2.11mg/L）和总磷（0.21mg/L、0.19mg/L）较高，超过地表水环境质量标准中 V 类标准。除安新桥外，8 个采样点的溶解氧（8.2～9.79mg/L）均超过地表水环境质量标准中 I 类标准。所有采样点的高锰酸盐指数均超过地表水环境质量标准中 III 类标准。

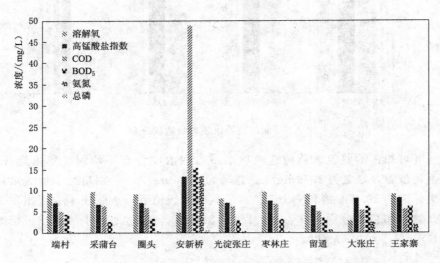

图 4.7　南、西、北污染带各测站浓度分布

4.4.3　污染物的时间变化

4.4.3.1　年际变化

影响污染物浓度和白洋淀水质年际变化的主要因素有：不同年份通过入淀河流带入淀中的污染物总量；年降雨量的多少即各河入淀水量；淀区旅游人数及淀区群众的生产生活等。各监测点各种污染物的检出值逐年变化规律并不明显，总体呈逐年增大趋势，表明白洋淀的水质正逐渐恶化，在丰水年上游工业废水污灌用量小，相对污染进淀量大，但各河进淀水量很大，淀水位高，淀内水体的稀释净化能力很强，所以污染物检出浓度反而降低；在枯水年，上游污水大部分用来污灌，仅在非农灌季节有部分污水入淀，但各河几乎无清水入淀，淀水位很低，往往底泥的污染起重要作用，因此污染物检出浓度反而增高。

为更加明确白洋淀水质的年际变化规律，选取留通、圈头、安新桥、枣林庄四个监测点的数据进行分析。根据河段分布的特征，选择上述四个监测断面。

留通断面靠近白沟引河河口，污染物浓度与白沟引河水质关系密切，除六价铬有增加趋势外，其他污染物指标在波动的同时有逐步减小趋势（图 4.8 和图 4.9）。在 1998 年，溶解氧结果出现拐点，有骤减的趋势，随后逐渐上升。高锰酸盐指数在 1990—1998 年变化范围不大，在 2003 年后逐渐呈现上升趋势，在 2006 年超过 11mg/L。BOD_5 浓度在 2004 年达到最大值，其他年份均低于 6mg/L。氨氮浓度在 2003 年达到最大值，其他年份均小于 3mg/L。总磷浓度变化呈现平缓状态，基本为 0～1mg/L。

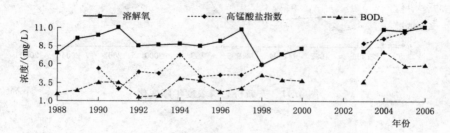

图 4.8　留通断面溶解氧、高锰酸盐指数、BOD_5 浓度年际变化

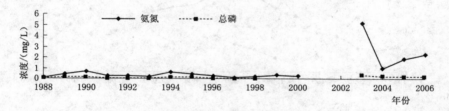

图 4.9　留通断面氨氮、总磷浓度年际变化

　　受府河排污影响，安新桥是白洋淀污染较重区域，图 4.10 和图 4.11 表示了各种污染物浓度从 1988—2006 年的变化情况。各种污染指标 1988 年开始蓄水时处于较低水平，不同年份波动较大，总磷、氨氮、高锰酸盐指数增加明显，表明有机污染加剧。从 1988 年开始，总磷浓度逐渐上升，在 1998 年达到最大值 2mg/L，2003 年后呈现降低趋势。BOD_5 浓度在 2004 年达到最大值，其他年份均低于 35mg/L。溶解氧保持较低水平，波动较小，基本为 0～10mg/L。

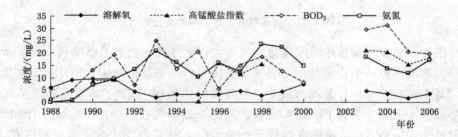

图 4.10　安新桥溶解氧、高锰酸盐指数、BOD_5、氨氮浓度年际变化

　　圈头远离白洋淀各入流河口，除个别年份外，污染物指标年际间波动明显减小。总磷、BOD_5 浓度有逐年增加趋势，溶解氧呈下降趋势，这表明白洋淀污染负荷有逐年增加趋势。氨氮浓度在 1993 年和 1998 年分别出现拐点，有降低后逐年增加的趋势，在 2000 年浓度接近 0.8mg/L。高锰酸盐指数在 1994 年出现最大值后逐渐降低，在 2005 年又一次达到峰值（图 4.12 和图 4.13）。

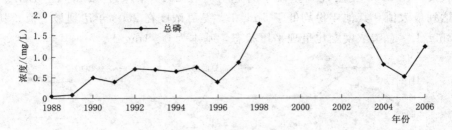

图 4.11 安新桥总磷浓度年际变化

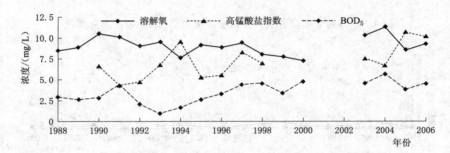

图 4.12 圈头溶解氧、高锰酸盐指数、BOD$_5$浓度年际变化

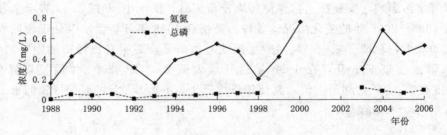

图 4.13 圈头氨氮、总磷浓度变化曲线

枣林庄污染物各项指标年际间变化幅度加大，总体变化趋势不够明显。与安新桥断面比，各项污染指标值减小，而且污染物浓度变化并不与安新桥同步。BOD$_5$浓度变化相对较稳定，基本在 0～5mg/L 范围内波动。溶解氧的结果在 1998 年突然骤降后呈现逐渐上升的趋势，浓度主要控制在 10mg/L 左右。高锰酸盐指数在 1998 年和 2006 年出现峰值，其他年份低于 10mg/L。总磷浓度均低于 0.2mg/L，波动范围不大。氨氮浓度在 1993 年和 2005 年出现两次拐点，有上升后降低的趋势（图 4.14 和图 4.15）。

以上分析可见，从 1988 年白洋淀重新蓄水开始，各项污染物指标虽然在不同年份有波动，但总体上处于逐渐恶化状态，特别是白洋淀的污染物负荷在逐年增加，这也说明，进入淀区的污染物已经大大超过了白洋淀的自净能力。

4.4.3.2 年内变化

为了解白洋淀总体污染指标周年变化情况，根据 1988—2006 年实测水质资料，分析

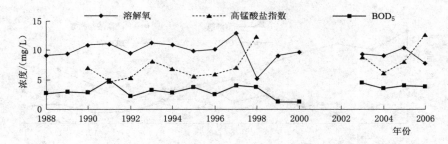

图 4.14　枣林庄溶解氧、高锰酸盐指数、BOD_5 浓度年际变化

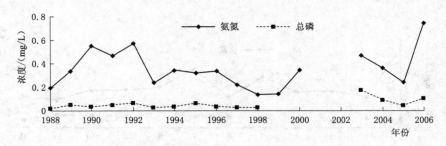

图 4.15　枣林庄氨氮、总磷浓度年际变化

各断面污染物浓度的逐月变化规律。

安新桥断面受府河入淀污水的影响，COD 含量远远超标，高锰酸盐指数、氨氮、BOD_5，COD 浓度在非汛期的值高于汛期，这是由于汛期上游来水使污染物浓度有所降低。溶解氧与主要污染物浓度如 BOD_5，COD 浓度及高锰酸盐指数成负相关，但非汛期浓度较高，说明汛期淀内生物活动强烈，消耗了大量溶解氧，这也是白洋淀富营养化的结果（图 4.16）。

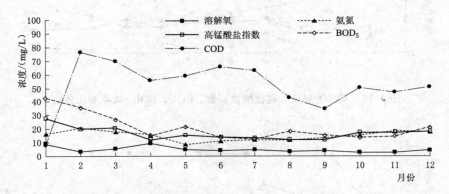

图 4.16　安新桥溶解氧、氨氮、高锰酸盐指数、BOD_5、COD 周年变化

留通断面 6—9 月各项污染物浓度较大，而在此期间溶解氧却达到最低值，这是由于6—9 月淀内旅游、养殖业兴旺，造成淀内氮、磷浓度高，藻类大量繁殖，耗氧大量增加（图 4.17 和图 4.18）。

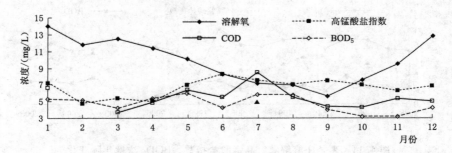

图 4.17　留通溶解氧、高锰酸盐指数、COD、BOD$_5$ 浓度周年变化

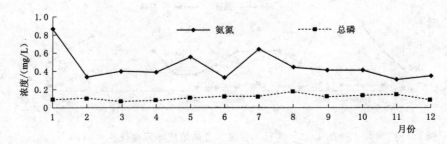

图 4.18　留通氨氮、总磷浓度周年变化

　　圈头位于淀区中南部，水质变化是各种因素综合作用的结果。溶解氧 6—10 月低于其他月份。其他污染物指标波动较大，变化规律性较差（图 4.19 和图 4.20）。

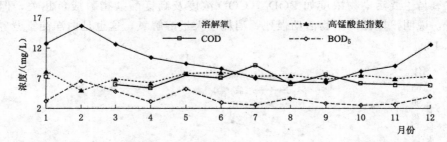

图 4.19　圈头溶解氧、高锰酸盐指数、COD、BOD$_5$ 周年变化曲线

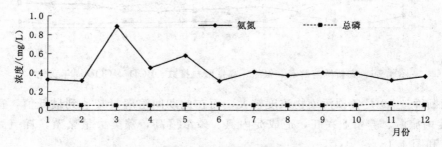

图 4.20　圈头氨氮、总磷浓度周年变化曲线

枣林庄高锰酸盐指数、BOD_5、COD 周年变化不明显，总的来说非汛期浓度高于汛期。溶解氧在 6—9 月浓度低于其他月，氨氮和总磷浓度波动较大，如 11—12 月氨氮浓度相差 3 倍以上，总体上枣林庄水质周年较稳定（图 4.21 和图 4.22）。

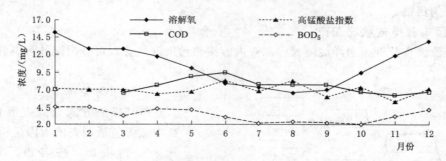

图 4.21　枣林庄溶解氧、高锰酸盐指数、COD、BOD_5 周年变化

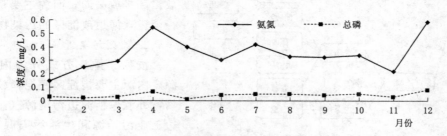

图 4.22　枣林庄氨氮、总磷周年变化曲线

4.5　污染源识别

4.5.1　主要污染源类型

白洋淀污染源类型按排放方式划分，主要分为点源污染和非点源污染两大类。点源污染主要来自府河、白沟引河、漕河、唐河等 8 条入淀河流，以府河的污染最为严重；非点源污染主要包括农业污染源和城镇生活污染源等，包括淀区内的生活污水和雨水冲刷村落、街道、家畜、畜牧业产生的废弃物等。

白洋淀污染的来源广、途径多、种类复杂，总的说来，共有以下五个方面：

（1）由府河排入淀内的保定市生活污水。从 20 世纪 60 年代中期开始，府河上游天然水断流，整个水系成为保定市生活污水和工业废水的排放渠道，其主要污染物是氨氮、化学耗氧量、五日生化需氧量、挥发酚、大肠菌等。

（2）其他上游河流如漕河、孝义河、潴龙河、白沟引河等汛期径流汇入的污染物。非汛期各河周边的污水排入河道，由于水量较小不能直接进入白洋淀，这些污染物质在汛期随径流一起入淀。

（3）农业污染源，主要来自于淀周边和淀内台地上开垦耕地的水土流失，农药、化肥等的残留。

（4）城镇污染源，包括淀区内的生活污水和网箱养鱼、家禽饲养产生的废弃物被雨水冲刷从而随径流入淀。

（5）近年来由于白洋淀旅游业的快速发展，淀内机动船只及游人逐年增加，加速了白洋淀的人为污染。

4.5.2　污染源排放状况调查

污染源调查范围为白洋淀流域。调查内容按照污染源位置，可分为淀外污染源和淀区污染源。

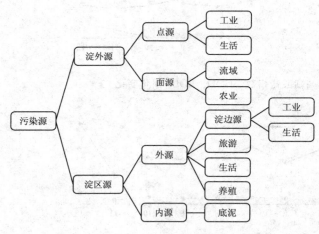

1. 淀外污染源

按其排放方式分为点源和面源，其中点源包括调查范围内生活污染源和工业污染源，按各市、县（市、区）分别统计废水排放量、COD 排放量和排放去向；面源主要是随地表径流进入河道或淀区的污染物。

2. 淀区污染源

按照其排放方式分为内源和外源，内源主要指淀区底泥释放的污染物，外源包括淀边污染源（白洋淀周边工业污染源和生活污染源）、淀内居民生活、旅游、养殖等排入淀区的污染物。白洋淀污染源构成分析如图 4.23 所示。

图 4.23　白洋淀污染源分析

污染源调查结果汇总见表 4.4。

表 4.4　　　　　　　　　　　　　　污染源调查结果汇总

污染源分类			废水量 /(万 m³/d)	排水量占总量比例/%	COD /(万 t/a)	COD 占总量比例/%	TN /(t/a)	TP /(t/a)
淀外源（入河）	生活		30.50	55.10	2.67	65.12	—	—
	工业		21.82	39.42	0.74	18.05	—	—
	小计		52.32	94.53	3.41	83.17	—	—
淀区源	淀边源	生活	2.00	3.61	0.22	5.37	—	—
		工业	1.03	1.86	0.20	4.88	—	—
		小计	3.03	5.47	0.42	10.24	—	—
	淀内生活及旅游		—	—	0.24	5.85	—	—
	淀内养殖	养鱼	—	—	—	—	70.0	11
		养鸭	—	—	0.03	0.73	50.4	—
	底泥污染		—	—	—	—	—	—
	小计		3.03	5.47	0.69	16.83	—	—
合计			55.35	100	4.1	100	120.4	11

4.5.3 重点污染源识别
4.5.3.1 淀外污染源

根据调查结果，在形成径流的四条入淀河流中，孝义河入淀口常年被橡胶坝隔挡（现橡胶坝坍塌，被土坝阻挡），瀑河因水量较小，在入淀前就已断流，漕河在建昌汇入府河后经安州进入白洋淀。府河污水经沿途蒸发、渗漏、农灌、拦蓄等，实际入淀量也大大减少。分析近16年平水年的监测结果，府河安州断面的流量为0.8~1.2m³/s，即淀外污染源实际入淀的水量不超过10万m³/d，其COD浓度平均为103mg/L。淀外污染源中生活和工业COD年入淀量分别为2.67万t和0.74万t，总计3.41万t。

4.5.3.2 淀区污染源

1. 淀边污染源

安新县城市污水和工业废水经管道或直接排入排干渠和护城河，经泵站提升排入白洋淀。由于上游多年断流，污水常年蓄积在河道内，大量用于农灌，排干泵站很少开启。据调查，排干泵站近20年间仅于1989年和1996年强降雨后开启过2次。因此，可以认为淀边污染源排放的污水几乎被全部截留，不排入白洋淀。

2. 淀内生活及养殖污染源

淀内水村、半水村正在进行进一步的综合整治，修建垃圾池、旱厕，减少部分污染物入淀，但也有部分生活污水排入白洋淀，使水村周边水质恶化，富营养化严重。参照生活方式与白洋淀类似的杭嘉湖水网平原农业非点源排污系数，农村生活污水和人粪尿排入水体的COD量分别为5.84kg/a和1.98kg/a。淀内旅游、养鱼、底泥污染直接排入淀内，入淀量按产生量计算。因此淀内生活、淀区旅游等COD年入淀量为0.24万t。淀区养鸭一般在淀边，其污染物按全部入淀计算，即淀区养鸭COD年入淀0.03万t。综上，淀区污染源COD入淀量为0.69万t/a。

4.5.3.3 入淀污染物汇总

淀外和淀区污染源合计，进入白洋淀的COD总量为4.1万t/a，其中淀外污染源3.41万t/a，占83.17%，淀区污染源0.69万t/a，占16.83%。

在淀区污染源中未计算养鱼和底泥污染排放的COD量的情况下，其入淀COD污染负荷已占29.6%，因此，在加强淀外污染源治理的同时，淀区污染治理也是白洋淀治污不容忽视的问题。

4.6 小结

本章评估了大清河流域（白洋淀）污染状况并识别了主要污染源，采用综合污染指数法对淀区范围南、西、北三个污染带的9个采样点进行了评价，并调查了污染源排放状况。得出如下结论：

（1）从长期监测资料分析，对白洋淀构成污染的主要因素有以下六类：溶解氧、高锰酸盐指数（化学耗氧量COD$_{Mn}$）、化学需氧量（COD）、五日生化需氧量（BOD$_5$）、氨氮及总磷。

（2）研究区 9 个采样点中，西面污染带中安新桥采样点属于严重污染，北面污染带中大张庄和王家寨采样点属于中度污染，端村和留通采样点属于微清洁，其他采样点污染程度均清洁。

（3）调查内容按照污染源位置，分为淀外污染源和淀区污染源；淀外污染源按其排放方式分为点源和面源，其中点源包括调查范围内生活污染源和工业污染源。

（4）淀外和淀区污染源合计。进入白洋淀的 COD 总量为 4.1 万 t/a，其中淀外污染源 3.41 万 t/a，占 83.17%；淀区污染源 0.69 万 t/a，占 16.83%。

第 5 章 大清河流域水量、水质动态分析与模拟

5.1 数据准备

5.1.1 数据来源与处理

本书基于 SWAT2012 构建大清河流域水量、水质模拟模型，建模所需数据主要包括 DEM、土地利用、土壤类型、气象和水文五类数据。除此之外，还包括参数率定和验证所需的环境数据。

5.1.1.1 DEM

本书采用的 DEM 来自美国航空航天局与日本经济产业省共同推出的最新的地球电子地形数据 ASTER GDEM V3，ASTER GDEM 数据产品基于"先进星载热发射和反辐射计（ASTER）"数据计算生成，是目前唯一覆盖全球陆地表面的高分辨率高程影像数据。自 2009 年 6 月 29 日 V1 版 ASTER GDEM 数据发布以来，在全球对地观测研究中取得了广泛的应用。ASTER GDEM V3 在 V2 版本的基础上新增了 36 万光学立体像对数据，主要用于减少高程值空白区域、水域数值异常。利用 ArcGIS 软件，通过拼接裁剪获得大清河流域的 DEM，如图 5.1 所示。

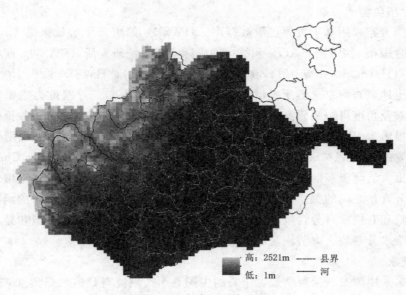

图 5.1 大清河流域 DEM

5.1.1.2　土地利用

土地利用为 2010 年中国土地利用现状遥感监测数据，该数据是在国家科技支撑计划、中国科学院知识创新工程重要方向项目等多项重大科技项目的支持下经过多年的积累而建立的覆盖全国陆地区域的多时相土地利用现状数据库，数据生产制作是以各期 Landsat TM/ETM 遥感影像为主要数据源，通过人工目视解译生成。该数据将土地利用类型分为耕地、林地、草地、水域、居民地和未利用土地 6 个一级类型以及 25 个二级类型。本研究将该数据进行重分类以满足 SWAT 模型输入要求，如图 5.2 所示。

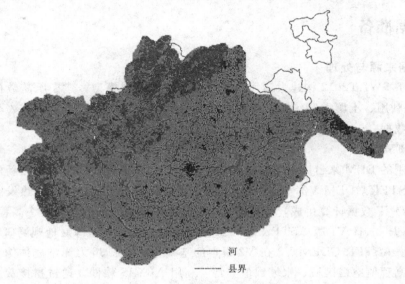

———— 河
———— 县界

图 5.2　大清河流域土地利用分布

5.1.1.3　土壤类型

土壤类型分布采用基于世界土壤数据库（HWSD）的中国土壤数据集 V1.1，该数据集来源于联合国粮农组织（FAO）和维也纳国际应用系统研究所（IIASA）所构建的世界土壤数据库（Harmonized World Soil Database version 1.1，HWSD）。中国境内数据源为第二次全国土地调查南京土壤所提供的 1∶100 万土壤数据。该数据可为建模者提供模型输入参数，农业角度可用来研究生态农业分区，粮食安全和气候变化等。数据格式为 grid 栅格格式，投影为 WGS84。采用的土壤分类系统主要为 FAO-90。本书利用美国华盛顿州立大学开发的 SPAW（Soil-Plant-Air-Water）软件中的 Soil Water Characteristics 模块估算得出大清河流域的土壤参数库，该模块通过一组广义方程来描述土壤张力、电导率与土壤水分含量之间的关系，是一组关于砂粒和粉粒含量与有机质含量的函数。通过输入粉粒、砂粒和有机质百分含量计算输出凋萎系数、有效田间持水量、饱和导水率和土壤湿容重等土壤水分参数。大清河流域土壤类型分布如图 5.3 所示。

5.1.1.4　气象

气象数据采用国家气象科学数据中心的中国地面气候资料日值数据集（V3.0），包括降水、温度、风速、相对湿度和日照强度。该数据集主要基于地面基础气象资料建设项目

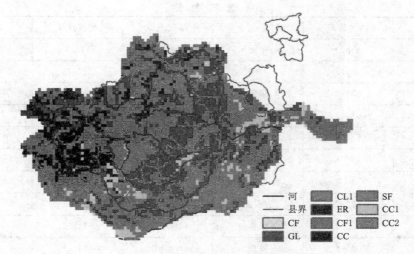

图 5.3　大清河流域土壤类型分布

归档的"1951—2010 年中国国家级地面站数据更正后的月报数据文件（A0/A1/A）基础资料集"研制而成。在 2011 年 3 月至 2012 年 6 月中国气象局开展的地面基础气象资料建设工作中，对 1951—2010 年国家级站地面月报数据文件中的观测数据进行了反复质量检测与控制，期间纠正了大量的错误数据，并对数字化遗漏数据进行了补录，使得数据质量得到明显提升。另外在数据集制作过程中，对数据集中 1951—2010 年的要素数据进行了质量控制，对发现的可疑和错误数据普遍给予了人工核查与更正，并最终对所有要素数据标注质量控制码。该数据经过质量控制后，1951—2010 年各要素数据的质量及完整性相对于以往发布的地面同类数据产品明显提高，各要素项数据的实有率普遍在 99％以上，数据的正确率均接近 100％。本书采用 R 语言编程计算天气发生器参数，导出气象数据输入文件，所选气象站见表 5.1 和图 5.4。

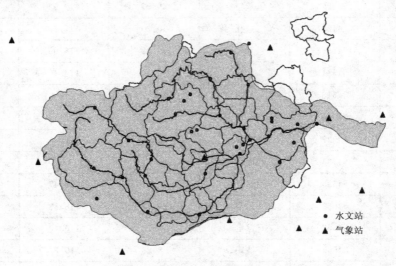

图 5.4　大清河流域水文站和气象站分布

表 5.1　　　　　　　　　　　　　所 选 气 象 站

ID	测站编码	站名	纬度/(°)	经度/(°)	高程/m
1	53399	张北	41.15	114.7	1393.3
2	53478	右玉	40.00	112.45	1345.8
3	53480	集宁	41.03	113.07	1419.3
4	53487	大同	40.08	113.42	1052.6
5	53490	天镇	40.43	114.05	1014.7
6	53578	朔州	39.37	112.43	1114.8
7	53579	代县	39.02	112.9	859.7
8	53588	五台山	38.95	113.52	2208.3
9	53593	蔚县	39.83	114.57	909.5
10	53594	灵丘	39.45	114.18	938.7
11	53673	原平	38.73	112.72	828.2
12	53687	平定	37.78	113.63	753.0
13	53698	石家庄	38.07	114.35	103.6
14	53772	太原	37.62	112.58	776.3
15	53775	太谷	37.42	112.6	785.8
16	53798	邢台	37.18	114.37	183.0
17	54401	张家口	40.77	114.92	772.8
18	54405	怀来	40.42	115.5	570.9
19	54406	延庆	40.45	115.97	487.9
20	54416	密云	40.38	116.87	71.8
21	54423	承德	40.97	117.92	422.3
22	54429	遵化	40.20	117.95	54.9
23	54436	青龙	40.42	118.95	254.3
24	54511	北京	39.80	116.47	31.3
25	54518	霸州	39.17	116.4	8.9
26	54525	宝坻	39.73	117.28	5.1
27	54527	天津	39.08	117.05	3.5
28	54534	唐山	39.65	118.1	23.2
29	54535	曹妃甸	39.28	118.47	3.2
30	54539	乐亭	39.43	118.88	8.5
31	54602	保定	38.73	115.48	16.8
32	54606	饶阳	38.23	115.73	19.0
33	54616	沧州	38.33	116.83	8.0

续表

ID	测站编码	站名	纬度/(°)	经度/(°)	高程/m
34	54618	泊头	38.08	116.55	13.2
35	54623	塘沽	39.05	117.72	4.8
36	54624	黄骅	38.40	117.32	4.5
37	54705	南宫	37.37	115.38	27.4
38	54715	陵县	37.32	116.52	17.6
39	54725	惠民	37.50	117.53	11.7
40	54744	垦利	37.58	118.55	8.5

5.1.1.5　水文

水文年鉴资料从水利部海河水利委员会获取，本书共搜集到 2006—2016 年张坊、紫荆关和阜平县（三）3 站月均流量资料，主要用于模型参数率定和验证。并将数据调整为 SWATCUP2019 所需格式导入 SWATCUP 中，进一步进行参数率定和验证。

5.1.1.6　环境

1. 环境统计资料（廊坊、保定）

资料来源于河北省廊坊市和保定市生态环境局，共搜集到 2015 年的 1052 个企业的位置及污染物排放量，71 个污水处理厂的污水处理资料，用于导入点源排放量。污水处理厂和工厂分布如图 5.5 所示。

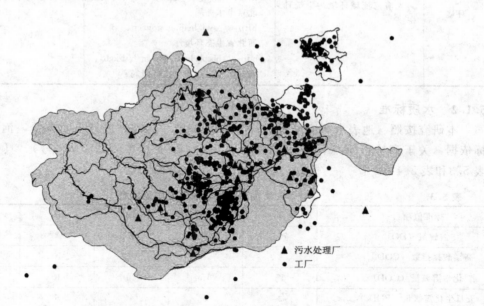

图 5.5　大清河流域污水处理厂和工厂分布

2. 河北省生态环境状况公报

资料来源于河北省生态环境厅官网，共搜集到 2004—2018 年的污染物排放量数据。

3. 其他数据

其他数据分别来源于生态环境部、北京市生态环境局、北京市水务局、廊坊环保局微信公众号等，包括地表水质、城市河湖水情、水厂供水量、大中型水库水情、河流水质、重点断面监控水质等（表5.2）。

表 5.2　　　　　　　　　　　数据来源及处理一览表

数据类型	初 始 源 数 据		模型可适用处理
	名　称	来　源	过程处理
DEM	ASTER GDEM V3	http://gdem.ersdac.jspacesystems.or.jp/	
土地利用	2010 年中国土地利用现状遥感监测数据	http://www.resdc.cn/data.aspx? DATAID=99	重分类、土地利用栅格数据、土地利用索引表
土壤类型	世界土壤数据库（HWSD）、中国土壤数据集（V1.1）	http://www.crensed.ac.cn/portal/metadata/a948627d-4b71-4f68-b1b6-fe02e302af09	土壤分布栅格文件、土壤参数库、土壤类型索引表
气象	国家气象科学数据中心日尺度数据 V3.0	http://data.cma.cn/	天气发生器参数（R语言编程计算）
水文	2006—2016 年大清河流域各站点月均流量	水利部海河水利委员会、《海河流域水文年鉴》	SWATCUP2019 适用格式转化
环境	大清河流域环境污染统计资料	生态环境部 http://www.mee.gov.cn/、北京市生态环境局 http://sthjj.beijing.gov.cn、北京市水务局 http://swj.beijing.gov.cn、河北省生态环境厅 http://hbepb.hebei.gov.cn/hjzlzkgb/、廊坊市和保定市生态环境局	

5.1.2　水质标准

本研究按照《地表水环境质量标准》（GB 3838—2002）进行水质评价，河道治理目标依据《关于廊坊市重点河流水质达标方案》（廊政办字〔2019〕46 号）。具体标准见表 5.3 和表 5.4。

表 5.3　　　　　　　　　　中华人民共和国地表水环境质量标准

标准值项目		I	II	III	IV	V
溶解氧（DO）	≥	7.5	6	5	3	2
高锰酸盐指数（COD_{Mn}）	≤	2	4	5	10	15
化学需氧量（COD）	≤	15	15	20	30	40
五日生化需氧量（BOD_5）	≤	3	3	4	6	10
氨氮（NH_3-N）	≤	0.15	0.5	1	1.5	2
总磷（以 P 计）	≤	0.02（湖、库 0.01）	0.1（湖、库 0.025）	0.2（湖、库 0.05）	0.3（湖、库 0.1）	0.4（湖、库 0.2）
总氮（湖、库，以 N 计）	≤	0.2	0.5	1	1.5	2

表 5.4 大清河流域水质断面目标

所属水系	断面名称	2018 年水质	2019 年水质	2020 年水质	考核属性
大清河	台头断面	劣Ⅴ类	Ⅴ类	Ⅴ类	国控

5.2 模型构建与运行

5.2.1 SWAT 模型介绍

SWAT 的全称为 Soil and Water Assessment Tool，是一种基于物理机制、时间连续、流域尺度的动态过程模型，它能够综合考虑流域土壤、植被、坡度和土地利用等多种因素对产水、产沙、水土流失、营养物质运移以及非点源污染的影响，模拟结果可以较好地反映复杂的自然流域的实际情况[144-147]。

SWAT 模型前身为田间尺度非点源污染模型 CREAMS，1985 年 ARS 的研究人员对 CREAMS 模型的日降雨水文模块进行修改，将 EPIC（Erosion‐Productivity Impact Calculator）模型的作物生长模块和 CREAMS 模型的杀虫剂模块合并，开发出以日尺度的 SWRRB 模型，该模型中增添了天气发生器模块，同时引入了在子流域水平上研究流域水文循环过程的思想；到 20 世纪 90 年代美国农业部（USDA）农业研究中心（ARS）的 Jeff Arnold 博士为首的研究组添加了径流曲线数 SCS 模型和新的产沙公式（MUSLE），并融合了河道和水库调洪演算 ROTO（Routing Output to Outlet）模型开发为一个新的模型，即为现在的 SWAT 模型。SWAT 模型自 20 世纪 90 年代初开发以来先后历经了 SWAT 94.2、SWAT 96.2、SWAT 98.1、SWAT 99.2、SWAT 2000、SWAT 2003、SWAT 2005、SWAT 2009 和 SWAT 2012 等 9 个版本的不断发展和完善。其每一个新版本的问世都是在已有版本的基础上增加了新的计算模块[148-151]。

SWAT 模型是以水文响应单元（HRU）为基本计算单元的流域尺度分布式水文模型，由水文、气象、土壤温度、泥沙、植被生长、营养物质、农药杀虫剂和农业管理等 8 个组件构成，包括 701 个数学方程和 1013 个中间变量[152-155]。

SWAT 模型的主要水循环过程可概括为以下几个过程：

（1）降水。降水可被植被截留或直接降落到地面。降到地面上的水一部分下渗到土壤，一部分形成地表径流。地表径流快速汇入河道，对短期河流响应起到很大贡献。下渗到土壤中的水可保持在土壤中被后期蒸发掉，或者经由地下路径缓慢流入地下水系统。

（2）冠层蓄水。冠层蓄水有两种计算地表径流的方法。当采用 Green‐Ampt 方法时需要单独计算冠层截留。计算主要输入为：冠层最大蓄水量和时段叶面指数（LAI）。当计算蒸发时，冠层水首先蒸发。

（3）下渗。计算下渗考虑两个主要参数：初始下渗率和最终下渗率（等于土壤饱和水力传导度）。使用 Green‐Ampt 模型和降雨数据可以直接模拟下渗，或使用 SCS 曲线法基于水量平衡模拟下渗。

（4）蒸散发。蒸散发包括水面蒸发、裸地蒸发和植株蒸腾。土壤水蒸发和植株蒸腾分开模拟。

（5）壤中流。壤中流的计算与重新分配同时进行，用动态存储模型预测，考虑水力传导度、坡度和土壤含水量的时空变化。

（6）地表径流。模拟每个水文响应单元的地表径流量和洪峰流量。地表径流量的计算可用 SCS 曲线方法或 Green - Ampt 方法计算。

（7）蓄水池。蓄水池是子流域内截获地表径流的蓄水结构。洼地被假定远离主河道，不接受上游子流域的来水。

（8）支流河道。一个子流域内定义了两种类型的河道：主河道和支流河道。支流河道不接受地下水补给。

（9）地下径流。地下水分为浅层地下水和深层地下水。浅层地下径流汇入流域内河流，深层地下径流汇入流域外河流。

（10）泥沙演进和农业措施。利用修正的土壤流失通用方程计算泥沙产量，考虑农业管理措施的影响，此外模型还在土壤水分运动中考虑了营养物和农药的运移转化。

5.2.1.1　水量平衡过程

SWAT 模型在 HRUs 上利用水量平衡模拟陆地水文循环过程，水文循环过程的水量平衡方程为

$$SW_t = SW_0 + \sum_{i=1}^{t} (R_{day} - Q_{surf} - E_a - w_{seep} - Q_{gw}) \tag{5.1}$$

式中：SW_t 为土壤最终含水量，mm；SW_0 为土壤前期含水量，mm；t 为时间，d；R_{day} 为第 i 天的降雨量，mm；Q_{surf} 为第 i 天的地表径流量，mm；E_a 为第 i 天蒸发量，mm；w_{seep} 为第 i 天土壤剖面的测流量和渗透量，mm；Q_{gw} 为第 i 天地下水含量，mm。

5.2.1.2　产汇流过程

SWAT 模型可对流域内发生的各类物理过程进行模拟，建模时需要将流域划分为若干子流域，并在若干子流域内部再细化为自然子流域（Subbasin）（图 5.6）。该模型的模拟过程为两步：一是产流阶段，将每个自然子流域中的泥沙及各类营养物等汇入主河道；二是河道汇流阶段，主要指流域河网中的泥沙、水流等向流域总出水口的运移过程。

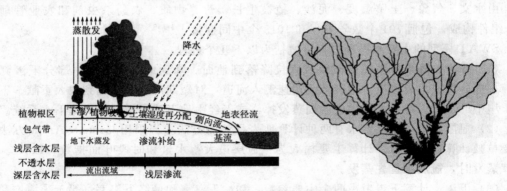

图 5.6　SWAT 模型水文剖面及河道汇流

通常 SWAT 模型使用 SCS 曲线进行日步长的地表产流模拟，SCS 降水径流关系曲线认为：地表沿坡面形成的水流是地表径流，当土壤湿度较低（干燥）时，土壤下渗量较大；随着土壤湿度不断增加，土壤下渗率会逐渐降低；若土壤下渗率小于降雨强度，则先进行填洼，并在填满后产生地表径流（图 5.7）。

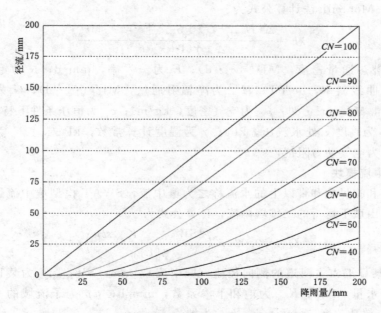

图 5.7　描述径流与降水关系的 SCS 曲线

SCS 曲线的描述方程为

$$Q_{surf} = \frac{(R_{day} - I_a)^2}{(R_{day} - I_a + S)} \tag{5.2}$$

$$S = 25.4\left(\frac{1000}{CN} - 10\right) \tag{5.3}$$

式中：Q_{surf} 为累计净流量或超渗雨量，mm；R_{day} 为某天的雨深，mm；I_a 为初始损失，主要包括产流前的截留量、下渗及地表滞留量，一般可以近似为 $0.2S$，mm；S 是滞留参数，mm；CN 值为某天的曲线值，该值为无纲量常数。在 SCS 曲线中，当 R_{day} 大于初损时，地表出现产流。

模型中河道汇流计算方法包括两种：变动储水系数模型和马斯京根法，本书采用变动储水系数模型计算汇流，计算公式为

$$q_{out,2} = \left(\frac{2\Delta t}{2TT + \Delta t}\right)q_{in,ave} + \left(1 - \frac{2\Delta t}{2TT + \Delta t}\right)q_{out,1} \tag{5.4}$$

式中：$q_{out,2}$ 为时间步长末出流量；$q_{out,1}$ 为时间步长初出流量；Δt 为时间步长；$q_{in,ave}$ 为时间步长内平均流量。

5.2.1.3　蒸散发模块

蒸散发是指地表附近的固态或液态的水分变为气态的过程，这个过程主要包括湖泊、植被、裸土等表面蒸发，植物蒸腾、冰雪升华等。地球上大约有 62% 的降水被蒸发，这也是流域水分散失的重要方式，因此精准的蒸发将极大地提高模式的可靠性。SWAT 选取 Penman - Monteith 法作为研究蒸发模拟方法，输入数据包括太阳辐射、空气温度、相对湿度和风速等。

61

Penman-Monteith 法计算公式为

$$\lambda E = \frac{\Delta(H_{net} - G) + \rho_{air} c_p [e_z^0 - e_z]/r_a}{\Delta + \gamma(1 + r_c/r_a)}$$ (5.5)

式中：λE 为潜热通量密度，$MJ/(m^2 \cdot d)$；E 为蒸发率，mm/d；Δ 为饱和水汽压与温度之间关系曲线斜率，de/dT；H_{net} 为净辐射通量，$MJ/(m^2 \cdot d)$；G 为到达地表的热量通量密度，$MJ/(m^2 \cdot d)$；ρ_{air} 为空气密度，kg/m^3；c_p 为恒压条件下特定热量，$MJ/(kPa/℃)$；e_z 为高度 z 处水汽压，kPa；γ 为湿度计算常数，$kPa/℃$；r_c 为植物冠层阻抗，s/m；r_a 为空气动力阻抗，s/m。

5.2.1.4 壤中流模块

地表以下和临界饱和带以上的水流称之为壤中流，SWAT 模型壤中流运动存储模型可以模拟陡峭山坡下运行的二维壤中流，计算公式为

$$Q_{lat} = 0.024 \times \left(\frac{2SW_{ly,excess} K_{sat} slp}{\phi_d L_{hill}}\right)$$ (5.6)

式中：Q_{lat} 为某日汇入主河道的侧向径流（壤中流），mm；$SW_{ly,excess}$ 为某日土壤内部存储水量的排出水量，mm；K_{sat} 为饱和下渗系数，mm/h；slp 为子流域的平均坡度，$\%$；ϕ_d 为土壤的有效孔隙度，mm/mm；L_{hill} 为坡长，m。

5.2.1.5 水库模块

水库调度的实质即选择适当的蓄水和泄水方式。在实际应用中，进行水库调度通常需要以下资料：①泄流能力曲线；②水位库容曲线，一般需要通过实际测量绘制获得；③下游河道的安全泄量，用于保护水库下游的防洪安全；④水库允许的最小下泄流量，保证下游河道最小生态环境需水量；⑤调度期末水位，是水库的兴利与防洪的矛盾所在；⑥水库允许的最高水位，用于保证水库安全以及上游防洪效益；⑦不同泄流设备的运用条件；⑧相邻时段允许的出库流量的变幅等。SWAT 模型中针对有闸门控制水库的建模可以说是对真实调度的一种简单参数化，优点是不需要收集大量水库资料，受到水库资料的限制性小。

SWAT 模型将实际水库简化为仅存在正常溢洪道和非常溢洪道两类，忽略了泄洪隧洞和泄水孔。依据这两种溢洪道启用相应水位和库容，制订汛期和非汛期的目标库容。具有闸门控制水库的数学模型为

$$\left.\begin{array}{l} V_{targ} = V_{em} \ if \ mon_{fld,beg} < mon < mon_{fld,end} \\[2mm] V_{targ} = V_{pr} + \dfrac{\left[1 - \min\left(\dfrac{SW}{FC}, 1\right)\right]}{2}(V_{em} - V_{pr}) \\[2mm] if \ mon n \ mon_{fld,beg} \ or \ mon \geqslant mon_{fld,end} \end{array}\right\}$$ (5.7)

式中：V_{targ} 为某日目标库容，m^3；V_{pr} 为防洪限制水位相应库容，m^3；V_{em} 为防洪高水位相应库容，m^3；SW 为子流域平均土壤含水量，m^3/m^3；FC 为子流域的田间持水量，m^3/m^3；$mon_{fld,beg}$ 为汛期起始月份；$mon_{fld,end}$ 为汛期终止月份。

在具体计算时，首先依据上式确定水库的预期目标库容，然后依据下式计算出库流量。

$$q_{出流} = \frac{v - v_{目标}}{T_{目标}} \tag{5.8}$$

式中：v 为水库当前库容，m^3；$T_{目标}$ 为达到目标库容所需时间，s。

5.2.1.6 泥沙及植被模块

SWAT 模型通过修正的土壤侵蚀模型（MUSLE）来模拟水文循环过程中土壤侵蚀量和泥沙负荷量。模型主要依靠水文模型提供的产流量和洪峰流量来计算流域泥沙产量，是评价土壤侵蚀过程与强度的重要技术工具。

植被覆盖度和植被生长过程会直接影响水文过程，植被主要通过根系吸水和气孔蒸腾作用影响土壤入渗能力及深层渗漏补给和降水的再分配过程。SWAT 模型利用一个通用的植物生长模型模拟所有类型的植被覆盖，以温度为主要控制条件，能够将植物区分为一年生和多年生植物。模拟植被根区的水分蒸发、营养成分的迁移流失和作物产量变化等是该植被生长模块的主要功能。

5.2.2 模型构建过程

本研究基于上述六类基础数据，采用 ArcSWAT 2012 构建大清河流域水量、水质动态模拟模型，并对其进行参数率定和验证。模拟时间设定 2000 年 1 月 1 日至 2017 年 12 月 31 日，共计 18 年，坐标系采用 Albers 投影坐标系。大清河流域水量、水质动态模拟模型如图 5.8 所示。

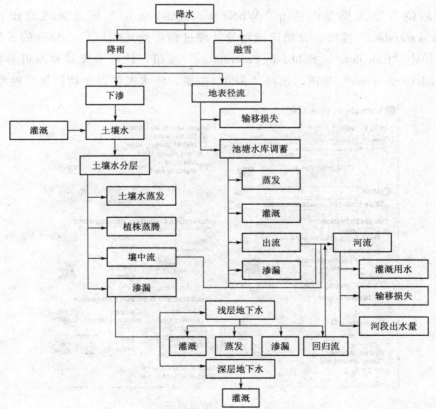

图 5.8　大清河流域水量、水质动态模拟模型

5.2.2.1 新建工程

如图 5.9 所示，在 Project Directory 中选新建工程的文件夹，在 SWAT Parameter Geodatabase 中选中参数库，单击"OK"按钮，工程文件会建立在 D：\DQH 文件夹下。

5.2.2.2 子流域划分

图 5.10 所示，Open DEM Raster 选中流域 DEM 栅格文件，单击 DEM projection setup，将 Zunit设置为 meter，勾选 Burn in，将河网图导入；Stream Definition

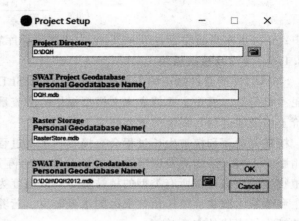

图 5.9 新建工程

区域被激活，单击"Flow direction and accumulation"按钮，计算完成后单击"Create streams and outlets"，建立河网和河流出口；选中"Subbasin Outlet"单选框，勾选"Add point source to each"添加子流域出口，子流域出口文件为 outlet.dbf，可将大清河流域水文站位置加入模型；单击"Whole watershed outlet"框选流域总出口，单击"Delineate watershed"按钮，开始流域划分处理过程，处理完毕后，划分的子流域就显示出来；单击"Calculate of Subbasin Parameters"按钮，计算子流域和河道参数；单击"Add or delete reservoir"按钮，选择"Add"按钮，将水库位置手动添加至模型中。

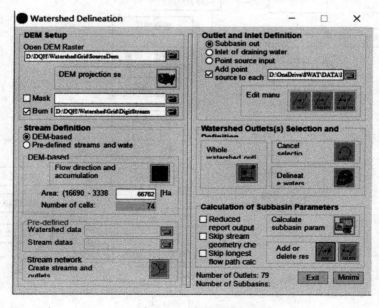

图 5.10 子流域划分

5.2.2.3　水文单元格划分

如图 5.11 所示，单击"Land Use Grid"区域的文件浏览按钮，选择"Load Land Use dataset（s）from disk"，并单击"Open"，在出现的窗口中，选中"landuse"栅格图，土地利用栅格文件就加载入模型中；在"Choose Grid Field"组合框的下方，选择"VALUE"，然后单击"OK"，单击"LookUp Table"按钮，加载土地利用索引表，弹出一个提示框，选择"User table"，单击"OK"，在出现的窗口中，单击已制备的土地利用索引表 luc. dbf，单击"Select"确认，至此土地利用栅格图加载入模型中。切换到"soil Data"界面，类似土地利用栅格的导入方式，导入 soil 栅格图和土壤类型索引表 soilc. dbf。

切换至 Slope 界面，选择"Multiple slope"，在"Number of Slope Classes"组合框的下方，选择 5 个坡度分类。设置 1～4 级的坡度上限依次为 3％、11％、27％、47％，"slope class" 5 的上限默认为 9999％。以此单击各界面的 Reclassify，之后单击"Overlay"。

参考文献调研相关研究，将 Land use percentage（％）over subbasin area 设置为 20％，Soil class percentage（％）over subbasin area 设置为 10％，单击"Create HRUs"，建立水文单元格。

5.2.2.4　气象数据定义

如图 5.12 所示，在"Locations"中选择"WGEN_user"，此为参数库中制备的气象发生器。依次选择 Rainfall Data、Temperature Data、Relative Humidity Data、Solar Radiation Data 和 Wind Speed Data，将实测日尺度气象数据导入模型中。

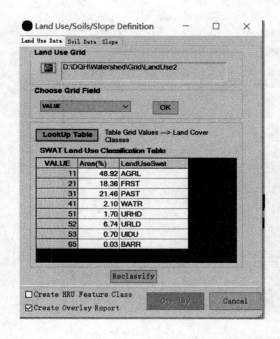

图 5.11　水文单元格划分

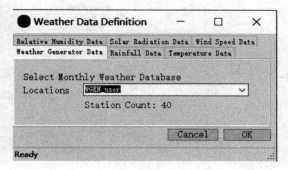

图 5.12　气象数据定义

单击"Write SWAT Input Tables", 单击
"Select All"选中所有的文件, 单击"Create Ta-
ble"创建输入文件(图 5.13)。

5.2.2.5　编辑输入文件

单击"Point Source Discharges", 选择点源
编号, 单击"Edit Values", 在 Select Point
Source Data Type 中选择 Annual Records, 并在
Observed Loadings Input Files 中添加对应的点源
排放, 如图 5.14 所示。

单击"Reservoirs", 选择水库相关的子流域编
码, 依次在 RES_ESA、RES_EVOL、RES_
PSA、RES_PVOL 和 RES_VOL 中添加该水库的
充满非常溢洪道水位时的水库水面面积、充满非常
溢洪道时的水库需水量、充满正常溢洪道时的水库
水面面积、充满正常溢洪道时的水库需水量和水库
初始需水量。在 Reservoir Management 的 IRESCO

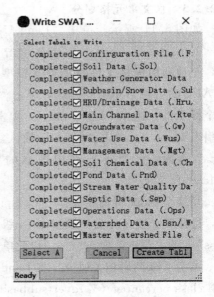

图 5.13　写入 SWAT 输入文件

中选择 Measured Monthly Outflow, 在 RESMONO Table 中选定该水库的月均出流文件, 单
击"Save Edits", 将水库出流量导入模型中, 如图 5.15 所示。

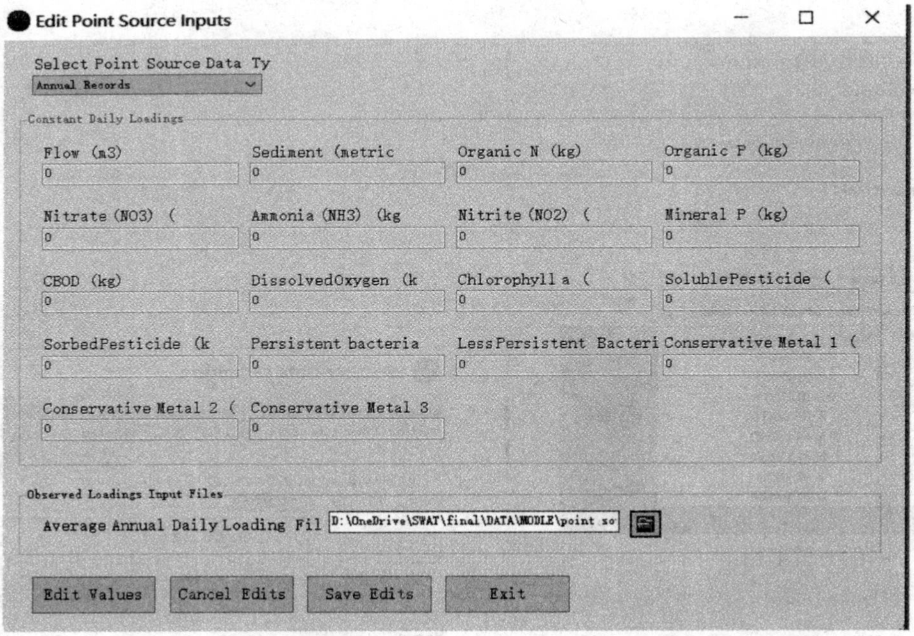

图 5.14　点源文件设置

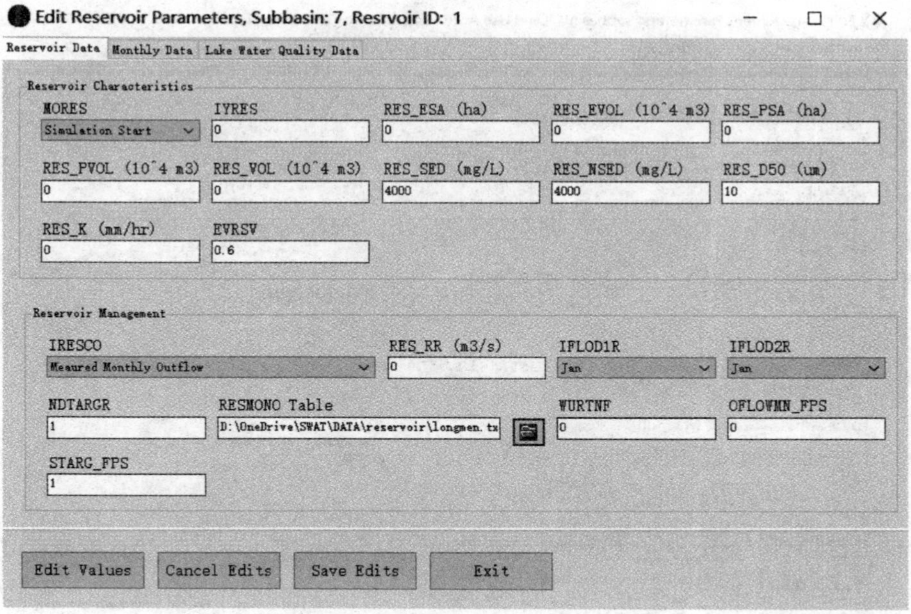

图 5.15　水库数据导入

单击 "Subbasins Data"，在 SWAT Input Table 中选择 Management，并且选定 Sub-basin、Land Use、Soils 和 Slope，设定 Tile Drain Management，并且给定耕作方式，将此应用至所有耕地中。如图 5.16 所示。

单击 "Rewrite SWAT Input Files"，单击 "Select All"，单击 "Write Files" 将新导入的数据写入模型中（图 5.17）。

5.2.3　模型维护

模型的后期维护与调用是模型长久运用的关键。为此，本节介绍模型的后期使用问题。

5.2.3.1　模型输入

SWAT2012 后期使用主要输入气象数据及点源排放量。气象数据包括降雨、温度、相对湿度、太阳辐射和风速，均位于 DQH \ Scenarios \ Default \ TxtInOut 文件夹中，对应文件分别为 pcp1. pcp、Tmp1. Tmp、hmd. hmd、slr. slr 和 wnd. wnd。点源排放量位于 DQH \ Scenarios \ Default \ TxtInOut 文件夹中，对应文件分别为 1p. dat～35p. dat，分别为子流域 1 至子流域 35 的点源年排放量。气象数据日期要与点源排放日期一致，否则会计算出错。

5.2.3.2　模型输出

完成模型数据输入后，运行 swat. exe，会开始模型的计算，计算完成后读取输出文件。SWAT2012 输出文件主要为 output. rch，可用记事本打开，表示主河道的输出文件。文件中主要变量名及描述见表 5.5。

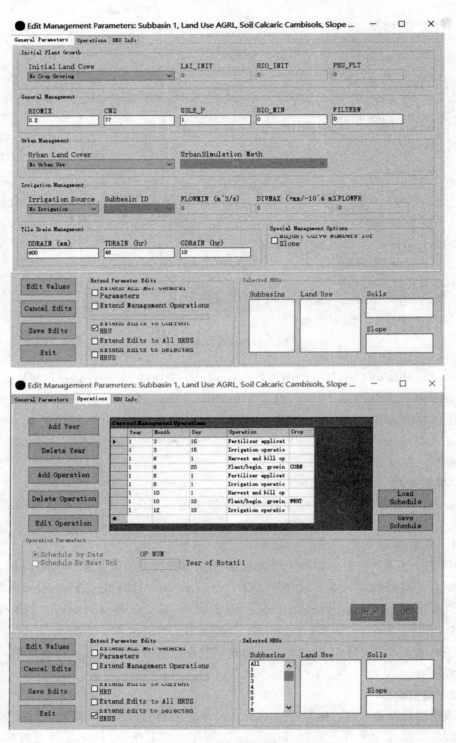

图 5.16　管理措施导入

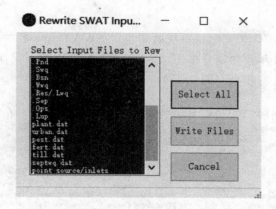

图 5.17　重新写入 SWAT 输入文件

表 5.5　　　　　　　　　　　　　主要输出变量及描述

变 量 名	描 述
RCH	子流域
MON	日期
AREA	河段排水面积/km²
FLOW_IN	时间步长内流入河段的日均流量/(m³/s)
FLOW_OUT	时间步长内流出河段的日均流量/(m³/s)
EVAP	由蒸发引起的河段日均损失率/(m³/s)
SED_IN	时间步长内随水流进入河段的泥沙量/t
SED_OUT	时间步长内随水流流出河段的泥沙量/t
ORGN_IN	时间步长内河段的有机氮输入量/kg
ORGN_OUT	时间步长内河段的有机氮输出量/kg
ORGP_IN	时间步长内河段的有机磷输入量/kg
ORGP_OUT	时间步长内河段的有机磷输出量/kg
NO₃_IN	时间步长内河段的硝酸盐输入量/kg
NO₃_OUT	时间步长内河段的硝酸盐输出量/kg
NH₄_IN	时间步长内河段的氨态氮输入量/kg
NH₄_OUT	时间步长内河段的氨态氮输出量/kg
NO₂_IN	时间步长内河段的亚硝酸盐输入量/kg
NO₂_OUT	时间步长内河段的亚硝酸盐输出量/kg
MINP_IN	时间步长内河段的无机磷输入量/kg
MINP_OUT	时间步长内河段的无机磷输出量/kg
CBOD_IN	时间步长内河段的碳生化需氧量输入量/kg
CBOD_OUT	时间步长内河段的碳生化需氧量输出量/kg
DISOX_IN	时间步长内河段的溶解氧输入量/kg
DISOX_OUT	时间步长内河段的溶解氧输出量/kg

5.2.4　模拟运行

单击 "Run SWAT"，根据电脑系统版本设定 SWAT.exe 版本，Printout Settings 设置为 Month，并设置 2 年预热期，单击 "Setup SWAT Run"，保存 SWAT Run 的设置，单击 "Run SWAT" 运行模型（图 5.18）。

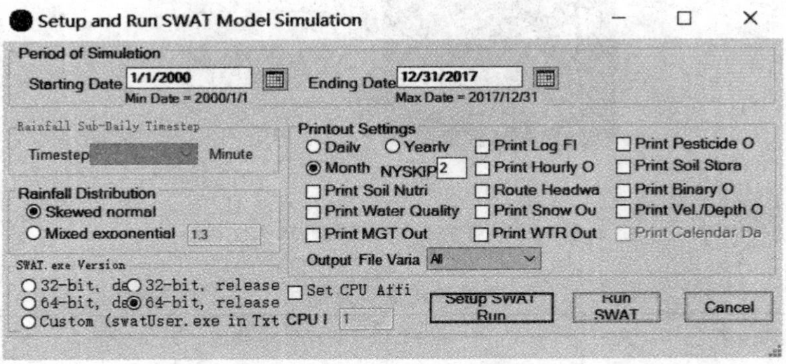

图 5.18　SWAT 运行

单击 "Read SWAT Output"，在复选框中选择要导出的文件，单击 "Import File to Database"，将文件导出，在 Save SWAT Simulation 中给定保存的文件夹名，单击 "Save Simulation"，此次模拟结果及参数将被保存至此文件夹内（图 5.19）。

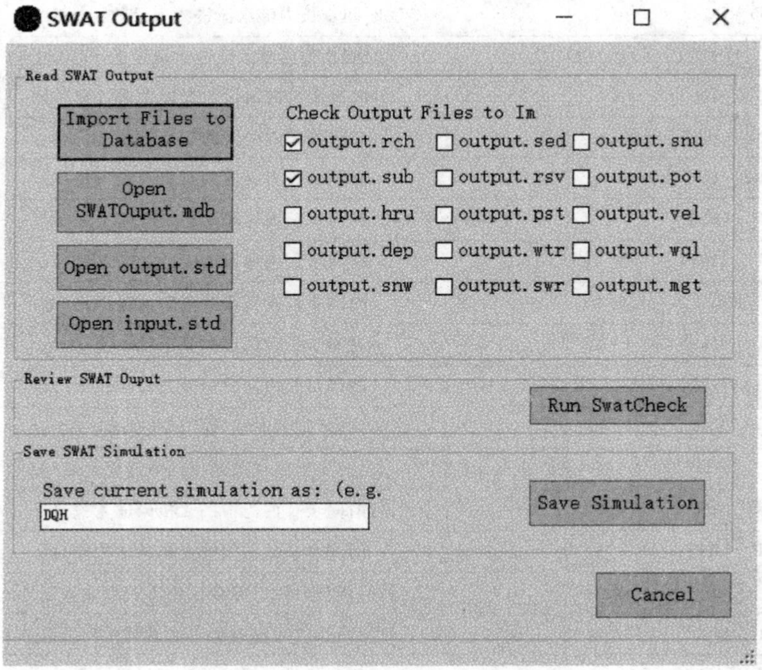

图 5.19　SWAT 输出文件保存

5.3　模拟结果分析

为便于研究，在模型构建时将大清河流域划分成 35 个子流域、247 个水文单元格，子流域划分如图 5.20 所示。

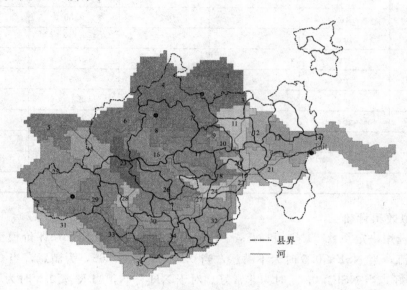

　　　　　　　　　　　　　　　　　　　————县界
　　　　　　　　　　　　　　　　　　　———— 河

图 5.20　大清河流域子流域划分

5.3.1　参数率定和验证

本次采用大清河流域张坊（子流域 4）、紫荆关（子流域 6）和阜平县（三）（子流域 25）三个站点的径流实测数据校核径流参数，采用台头站（子流域 14）污染物量校核水质参数。由于目前已收集到 2006—2013 年的张坊站径流数据，2006—2016 年的紫荆关和阜平县（三）径流数据，且模拟时间为 2000—2017 年，故模型预热期设定为 2000—2002 年；张坊站率定期设定为 2006—2010 年，验证期设定为 2011—2013 年，紫荆关和阜平县（三）率定期设定为 2006—2012 年，验证期设定为 2013—2016 年；台头站污染物校核率定期设定为 2013—2014 年，验证期设定为 2015—2016 年。参数率定采用 SWAT-CUP2019 中的 SURF－2 优化算法率定 Alpha 系数、主河道水力传导度、主河道糙率等15 个参数[157-158]。率定结果见表 5.6。

表 5.6　　　　　　　　　　　大清河流域 SWAT 模型参数率定结果

参数名称	输入文件	参数类型	参数 取 值		
			张坊	紫荆关	阜平县（三）
SOL _ AWC（）	sol	v	0.93	0.00	0.16
CANMX	hru	v	45.93	95.00	0.19
CN2	mgt	v	94.97	75.53	79.18
SOL _ K（）	sol	v	37.80	5.00	63.75

续表

参数名称	输入文件	参数类型	参 数 取 值		
			张坊	紫荆关	阜平县（三）
CH_N2	rte	v	0.08	0.23	0.30
ESCO	hru	v	0.90	0.09	0.95
ALPHA_BF	gw	v	0.21	0.39	0.05
EPCO	hru	v	0.25	0.98	1.00
CH_K2	rte	v	73.50	92.50	5.00
GW_REVAP	gw	v	0.01	0.08	0.02
GWQMN	gw	v	1000.00	1223.00	415.63
RCHRG_DP	gw	v	0.05	0.10	0.98
REVAPMN	gw	v	750.00	425.00	273.00
GW_DELAY	gw	v	31.00	435.00	15.75
SURLAG	bsn	v	11.19	11.19	11.19

5.3.2　模拟效果评价

本研究选用决定系数（R^2）和 Nash–Sutcliffe 效率系数（NSE）评价模型的模拟效果。对于径流，当 NSE≤0.5 时为不满意，当 0.5<NSE≤0.65，为满意，当 0.65<NSE≤0.75 为很好，当 NSE>0.75 时为非常好。对于 NH_3-N，当 R^2≤0.3 时为不满意，当 0.3<R^2≤0.6，为满意，当 0.6<R^2≤0.7 为很好，当 R^2>0.7 时为非常好。

为大清河流域径流、水质模拟结果评价表。结果显示率定期内，张坊、紫荆关和阜平县站点的模拟效果均为"满意"以上，台头站 NH_3-N 模拟效果为"很好"张坊和紫荆关模拟效果满意（NSE>0.5），阜平县（三）模拟效果很好（0.65<NSE≤0.75），台头站 NH_3-N 模拟效果很好（0.6<R^2≤0.7）。验证期内，除了张坊 NSE 系数有所降低，其他测站均升高，张坊模拟效果满意，紫荆关模拟效果非常好，阜平县（三）模拟效果很好，台头站 NH_3-N 模拟效果很好（表 5.7）。

表 5.7　　　　　　　　　　大清河流域径流、水质模拟效果评价

站　　点	率　定　期		验　证　期	
	R^2	NSE	R^2	NSE
D张坊_FLOW	0.61	0.56	0.72	0.52
紫荆关_FLOW	0.72	0.61	0.88	0.86
阜平县（三）_FLOW	0.76	0.7	0.84	0.72
台头_NH_3-N	0.66	0.61	0.7	0.69

通过对比分析张坊、紫荆关和阜平县（三）三个站点的月尺度径流模拟值与实测值（图 5.21），以及台头站点水质模拟值与实测值（图 5.22），可以看出模拟值与观测值趋势一致，模型拟合效果良好，该模型可以用于下一步研究。

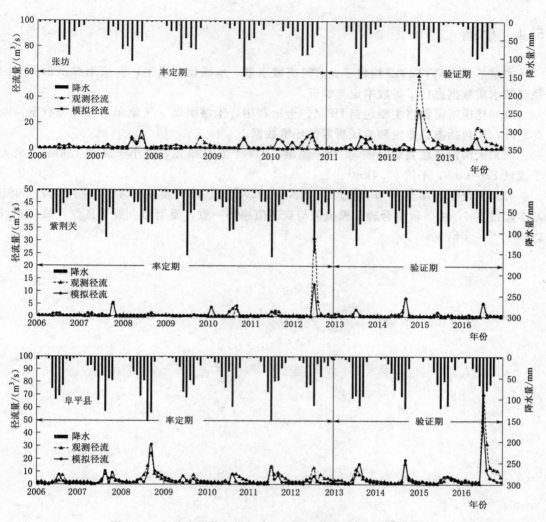

图 5.21　径流实测值与模拟值（张坊、紫荆关和阜平县站点）

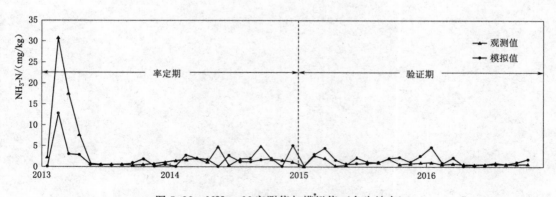

图 5.22　NH₃-N 实测值与模拟值（台头站点）

5.4 小结

本章基于 SWAT2012 构建了大清河流域水量、水质模拟模型，并采用典型水文站的径流和水质数据进行了参数率定与验证。

（1）建模所需数据主要包括 DEM、土地利用、土壤类型、气象和水文五类数据。除此之外，还包括参数率定和验证所需的环境数据。

（2）大清河流域共划分成 35 个子流域，247 个水文单元，最小子流域 $18km^2$，最大子流域 $2304km^2$，平均 $93.4km^2$。

（3）率定期各站点 R^2 均超过 0.6，NSE 基本超过 0.6，验证期 R^2 均超过 0.7，NSE 基本超过 0.6，参数取值合理。模拟值与观测值趋势一致，模型拟合效果良好，该模型可以用于下一步研究。

第6章 大清河流域水量、水质
联合预警与调控

6.1 预警对象

大清河流域的洪水主要由汛期的暴雨造成，暴雨中心经常出现在阜平、司仓及紫荆关一带。大清河流域自"63.8"洪水后进行了大规模治理，目前已形成了安各庄、龙门、西大洋、王快、马头、横山岭6座大型水库，潴龙河、南拒马河、白沟河、新盖房分洪道、赵王新河5条主要行洪河道，千里堤、白沟河左堤等主要堤防，枣林庄、新盖房枢纽，小清河分洪区、兰沟洼、白洋淀、东淀、团泊洼、文安洼、贾口洼等蓄滞区的防洪工程体系。

故本书采用张坊（子流域4）、紫荆关（子流域6）和阜平县（三）（子流域25）开展水量预警研究工作，采用台头站（子流域14）开展水质预警研究工作。台头站位于廊坊与天津交界处，由于其为自动站，未能标注其测站编码和经纬度。

6.2 水量、水质联合预警方案

6.2.1 预警初始数据

对大清河流域 SWAT 模型输入输出文件深入研究，发现张坊和紫荆关主要由蔚县气象数据驱动，阜平县（三）主要由灵丘气象数据驱动。通过对62年的降雨实测数据进行分析，计算得到蔚县和灵丘两个气象站重现期日降雨量，重现期降雨量见表6.1。通过对64年的径流实测数据进行分析，计算得张坊、紫荆关和阜平县（三）三个水文站的重现期洪水流量，见表6.2。

表 6.1 　　　　　　　　　　　重 现 期 降 雨 量

降雨重现期	蔚县日降雨量/mm	灵丘日降雨量/mm
5 年一遇	46.38	56.82
10 年一遇	53.20	65.44
20 年一遇	62.67	71.78
50 年一遇	81.43	77.58
100 年一遇	102.58	80.56

表 6.2 重 现 期 洪 水 流 量

洪水重现期	紫荆关流量/(m³/s)	张坊流量/(m³/s)	阜平县（三）流量/(m³/s)
5 年一遇	412.92	225.79	497.76
10 年一遇	772.12	995.90	1138.83
20 年一遇	1362.50	2201.89	1749.33
50 年一遇	3173.08	3610.01	2671.91
100 年一遇	7394.13	4270.57	13867.23

大清河流域 2017 年 NH_3-N 点源排放量为 11128.54t/a，其中生活排放 9760.25t，工业排放 1368.29t。按照工厂的分布和人口数量将 NH_3-N 排放量分配至各子流域，各子流域 NH_3-N 排放量见表 6.3。

表 6.3 大清河流域各子流域 NH_3-N 排放量

SUB	NH_3-N/(t/a)	SUB	NH_3-N/(t/a)	SUB	NH_3-N/(t/a)
1	41.60	13	382.48	25	1372.86
2	193.54	14	501.70	26	46.49
3	49.06	15	62.50	27	58.34
4	252.92	16	412.44	28	228.12
5	0.03	17	703.24	29	114.01
6	148.15	18	189.34	30	527.50
7	363.95	19	281.72	31	5.68
8	193.59	20	320.01	32	1277.34
9	49.77	21	79.85	33	178.14
10	264.24	22	192.44	34	183.51
11	668.94	23	1134.18	35	52.33
12	520.23	24	78.32		

6.2.2 水量预警方案

降雨与径流量存在显著相关关系，本书对大清河流域 1951—2019 年共计 62 年的降雨实测数据进行分析，计算大清河流域 5 年一遇、10 年一遇、20 年一遇、50 年一遇和 100 年一遇的降雨量，将该降雨量带入模型进行模拟运算，模拟得出紫荆关、张坊和阜平县（三）三个测站的径流量，通过流量水位关系计算三个测站的水位，从而确定重现期降雨对测站水位的影响，以便能提早预防，实现水量预警的功能。

6.2.3　水质预警方案

依据 2019 年发布的廊坊市人民政府办公室印发的廊坊市重点河流水质达标方案（修订版），大清河流域以水质稳定保持 V 类水为目标，按照《地表水环境质量标准》（GB 3838—2002），即 NH_3-N 浓度不超 2mg/L。

设置点源排放量和气象数据两部分场景：点源排放量以现状年（2017 年）排放量为基准，在此基础上增减排放量（+50%~−50%），每 10% 设定一个场景；通过对历史径流数据进行分析，选定 2012 年、2017 年和 2000 年为丰水年、平水年和枯水年的代表年，气象数据采用枯水年三个水平年的实测资料。共设置 33 个降雨和点源排放组合场景，以此模拟不同水平年各月的污染源排放强度与河道 NH_3-N 浓度之间的关系。确定不同点源排放量在不同水平年下流域出口污染物浓度，为水质预警提供重要指标值。

6.3　模拟场景设置

6.3.1　水量预警模拟场景设置

由于紫荆关、张坊是由蔚县气象数据驱动，阜平县（三）是通过灵丘气象数据驱动，故采用蔚县和灵丘两个气象站资料作为场景模拟所需的气象数据。通过计算确定蔚县和灵丘气象站重现期的日降雨量，以此设置降雨场景。

6.3.2　水质预警模拟场景设置

通过组合典型降雨代表年和点源排放量的场景，共设置 33 个场景，每一个场景均设置一年预热期。降雨和点源排放组合场景见表 6.4。

表 6.4　　　　　　　　　　　　降雨和点源排放组合场景

序号	降雨	点源排放强度	序号	降雨	点源排放强度
1	丰水年	+50%	13	丰水年	+10%
2	平水年	+50%	14	平水年	+10%
3	枯水年	+50%	15	枯水年	+10%
4	丰水年	+40%	16	丰水年	0
5	平水年	+40%	17	平水年	0
6	枯水年	+40%	18	枯水年	0
7	丰水年	+30%	19	丰水年	−10%
8	平水年	+30%	20	平水年	−10%
9	枯水年	+30%	21	枯水年	−10%
10	丰水年	+20%	22	丰水年	−20%
11	平水年	+20%	23	平水年	−20%
12	枯水年	+20%	24	枯水年	−20%

序号	降雨	点源排放强度	序号	降雨	点源排放强度
25	丰水年	-30%	30	枯水年	-40%
26	平水年	-30%	31	丰水年	-50%
27	枯水年	-30%	32	平水年	-50%
28	丰水年	-40%	33	枯水年	-50%
29	平水年	-40%			

6.4　水量、水质预警

6.4.1　水量预警

6.4.1.1　日均径流与最大径流关系

本书采用控制降雨的方法，在模型中设定不同的降雨梯度，模拟确定紫荆关、张坊和阜平县（三）三个水文站所在的子流域出口点的径流量。SWAT 仅能输出日尺度、月尺度和年尺度的数据，针对大清河流域暴雨历时短、洪水集中的特征，日均径流不能很好地满足水量预警功能，故采用二阶多项式对三个站点的日均径流量与最大径流量的关系进行拟合分析。图 6.1～图 6.3 为三个水文站拟合结果。

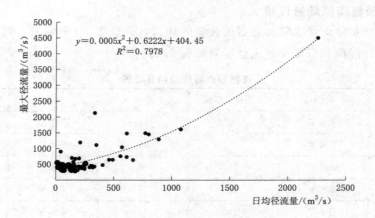

图 6.1　紫荆关日均径流量与最大径流量关系

6.4.1.2　水位流量关系

对于同一水文站，水位流量有着相对稳定的关系。对 64 年的水位流量关系进行分析，绘制水位流量关系图，构造趋势线，旨在通过流量计算水位。图 6.4～图 6.6 分别为紫荆关、张坊、阜平县（三）的水位流量关系。由图可知，随着径流的增大，水位升高速度变缓，采用三阶多项式可以较好拟合各站水位流量关系，R^2 分别达到 0.85、0.98 和 0.88，可用于水文站水位的计算。

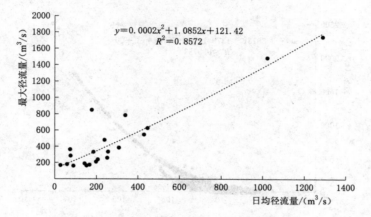

图 6.2　张坊日均径流量与最大径流量关系

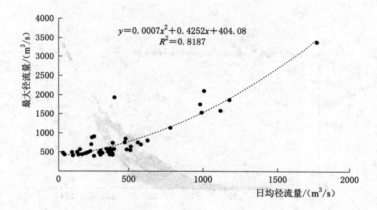

图 6.3　阜平县（三）日均径流量与最大径流量关系

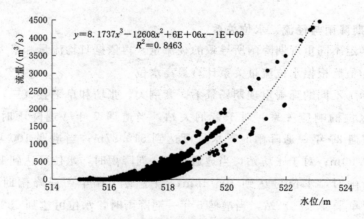

图 6.4　紫荆关水位流量关系

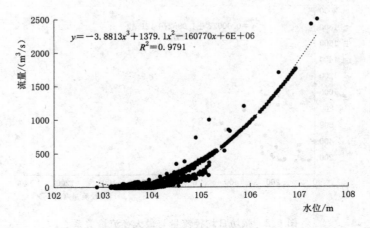

$$y = -3.8813x^3 + 1379.1x^2 - 160770x + 6E+06$$
$$R^2 = 0.9791$$

图 6.5　张坊水位流量关系

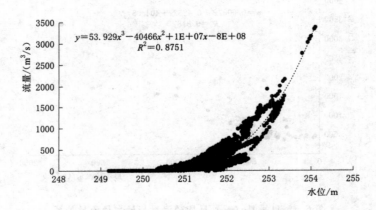

$$y = 53.929x^3 - 40466x^2 + 1E+07x - 8E+08$$
$$R^2 = 0.8751$$

图 6.6　阜平县（三）水位流量关系

6.4.1.3　重现期降雨与径流、水位关系

通过模拟确定不同重现期降雨所导致的径流量，再依据日均流量和最大流量的关系计算最大径流量，最后根据水位流量关系计算最高水位。

表 6.5 显示了不同的降雨重现期场景下，紫荆关、张坊和阜平县（三）三个站点的降雨量和径流、水位的响应关系。对于紫荆关站，当遭遇 5 年一遇降雨时，水位可达到519.04m；当遭遇 20 年一遇降雨时，水位可达到 519.87m；当遭遇 100 年一遇降雨时，水位可达到 522.99m；对于张坊站，当遭遇 5 年一遇降雨时，水位可达到 104.72m；当遭遇 20 年一遇降雨时，水位可达到 105.15m；当遭遇 100 年一遇降雨时，水位可达到106.12m；对于阜平县（三）站，当遭遇 5 年一遇降雨时，水位可达到 252.65m；当遭遇20 年一遇降雨时，水位可达到 252.95m；当遭遇 100 年一遇降雨时，水位可达到253.85m。

表 6.5 各站重现期降雨与径流水位关系

水文站	降雨重现期	降雨量/mm	模拟径流/(m³/s)	计算最大径流/(m³/s)	计算最高水位/m
紫荆关	5 年一遇	46.38	99.8	471.52	519.04
	10 年一遇	53.20	226.8	571.24	519.25
	20 年一遇	62.67	571.9	923.82	519.87
	50 年一遇	81.43	1254.0	1970.95	521.23
	100 年一遇	102.58	2094.0	3899.75	522.99
张坊	5 年一遇	46.38	93.21	224.31	104.72
	10 年一遇	53.20	102	234.19	104.75
	20 年一遇	62.67	260.6	417.81	105.15
	50 年一遇	81.43	450.4	650.77	105.55
	100 年一遇	102.58	762.2	1064.75	106.12
阜平县（三）	5 年一遇	56.82	579.94	886.10	252.65
	10 年一遇	65.44	747.01	1112.33	252.85
	20 年一遇	71.78	834.28	1246.03	252.95
	50 年一遇	77.58	1133.21	1784.84	253.32
	100 年一遇	80.56	1582.35	2829.58	253.85

可以看出，同样的降雨重现期场景下，不同站点的最大径流和最高水位预警值存在一定的差异，整体上最大径流量紫荆关＞阜平县＞张坊，当遭遇 100 年一遇降雨时，紫荆关的汛期洪水压力最大。当水文站确定例如预警水位，通过流量水位关系可获得对应的降雨量；当气象站监测到一定的降雨量时，也可对水文站发出对应的水位预警信息，以便水文站提早做应急处理。

6.4.2 水质预警

6.4.2.1 污染源排放强度与污染物浓度之间的关系

根据 2015 年大清河流域台头断面监测数据，按照《地表水环境质量标准》（GB 3838—2002），台头断面全年月均水质呈劣 V 类，大清河各乡镇界水质均为 V 类。整体水质不容乐观，主要污染物为 NH_3-N、化学需氧量、氟化物等。故本书选取 NH_3-N 作为大清河流域水质预警的控制性污染物。依据设定的 33 个场景，模拟不同水平年各月的污染源排放强度与河道 NH_3-N 浓度之间的关系（图 6.7）。

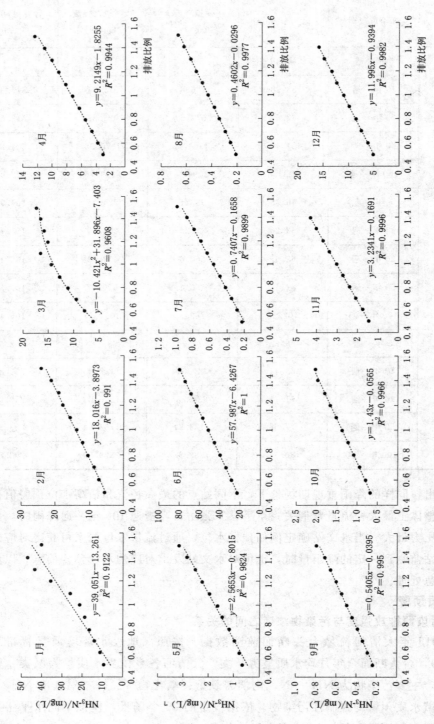

图 6.7 各月污染源排放强度与河道 NH$_3$-N 浓度关系（以平水年为例）

污染源排放强度与河道 NH_3-N 浓度关系场景模拟结果显示，当点源排放量增加 50%（在 2017 年基础上，下同）时，丰水年和平水年分别有 75%（1—6 月和 10—12 月）和 75%（1—6 月和 10—12 月）的月份月均水质达到劣 Ⅴ 类，枯水年由于降雨少，部分河流断流，阻断污染物的运移，有 58.3% 的月份月均水质达到劣 Ⅴ 类。当点源排放量不增加时，丰水年、平水年和枯水年分别有 58.3%（1 月、2 月、3 月、5 月、6 月、11 月、12 月）、58.3%（1 月、2 月、3 月、4 月、6 月、11 月、12 月）和 58.3%（1 月、2 月、3 月、4 月、5 月、11 月、12 月）的月份月均水质达到劣 Ⅴ 类。当点源排放减少 50% 时，丰水年、平水年和枯水年有 41.7%（1 月、2 月、3 月、6 月、12 月）、50%（1 月、2 月、3 月、4 月、6 月、12 月）和 58.3%（1 月、2 月、3 月、4 月、5 月、11 月、12 月）的月份月均水质达到劣 Ⅴ 类。

6.4.2.2　水质达标下的污染物排放预警值

由于大清河流域天然径流较少，NH_3-N 排放量较大，例如平水年在现状排放量减少至 50% 时仍有月份月均 NH_3-N 浓度达到劣 Ⅴ 类，若排放量减少 85.1% 时，月均 NH_3-N 浓度才可达标。因此，以流域出口 NH_3-N 浓度达标（2mg/L）为目标，依据先前的污染源排放强度与 NH_3-N 浓度拟合关系，可以确定不同水平年各月和各子流域水质达标下的 NH_3-N 排放量预警值（表 6.6）。

表 6.6　　　　　　　　不同水平年各月各子流域 NH_3-N 排放量上限预警值　　　　　　　　单位：t

水平年	序号	1 月	2 月	3 月	4 月	5 月	6 月	7 月	8 月	9 月	10 月	11 月	12 月
	1	1.20	1.08	0.76	3.34	1.96	0.43	18.23	10.21	6.87	3.92	2.38	1.02
	2	5.59	5.04	3.55	15.52	9.13	1.98	84.80	47.47	31.95	18.22	11.06	4.77
	3	1.42	1.28	0.90	3.93	2.31	0.50	21.49	12.03	8.10	4.62	2.80	1.21
	4	7.31	6.58	4.63	20.28	11.93	2.58	110.78	62.02	41.73	23.80	14.45	6.23
	5	0	0	0	0	0	0	0.01	0.01	0	0	0	0
	6	4.28	3.86	2.71	11.88	6.99	1.51	64.92	36.35	24.46	13.95	8.47	3.65
	7	10.52	9.48	6.67	29.18	17.16	3.72	159.41	89.24	60.06	34.24	20.79	8.96
	8	5.60	5.04	3.55	15.53	9.13	1.98	84.84	47.49	31.96	18.22	11.07	4.77
	9	1.44	1.30	0.91	3.99	2.35	0.51	21.80	12.21	8.21	4.68	2.84	1.23
丰水年	10	7.64	6.88	4.84	21.20	12.47	2.70	115.80	64.83	43.62	24.87	15.10	6.51
	11	19.34	17.42	12.26	53.66	31.56	6.84	293.12	164.10	110.43	62.97	38.23	16.48
	12	15.04	13.55	9.53	41.73	24.54	5.32	227.94	127.61	85.87	48.97	29.73	12.81
	13	11.06	9.96	7.01	30.68	18.05	3.91	167.60	93.83	63.14	36.00	21.86	9.42
	14	14.50	13.07	9.19	40.24	23.67	5.13	219.80	123.05	82.81	47.22	28.67	12.35
	15	1.81	1.63	1.15	5.01	2.95	0.64	27.39	15.33	10.32	5.88	3.57	1.54
	16	11.92	10.74	7.56	33.08	19.46	4.21	180.74	101.18	68.09	38.83	23.57	10.16
	17	20.32	18.31	12.88	56.39	33.17	7.18	308.05	172.46	116.06	66.17	40.18	17.31
	18	5.47	4.93	3.47	15.19	8.93	1.93	82.96	46.44	31.25	17.82	10.82	4.66
	19	8.14	7.33	5.16	22.59	13.29	2.88	123.39	69.08	46.49	26.51	16.09	6.94

83

续表

水平年	序号	1月	2月	3月	4月	5月	6月	7月	8月	9月	10月	11月	12月
	20	9.25	8.34	5.86	25.67	15.10	3.27	140.24	78.51	52.83	30.13	18.29	7.88
	21	2.31	2.08	1.46	6.41	3.77	0.82	34.99	19.59	13.18	7.52	4.56	1.97
	22	5.56	5.01	3.53	15.44	9.08	1.97	84.33	47.21	31.77	18.12	11.00	4.74
	23	32.77	29.53	20.77	90.94	53.49	11.59	496.77	278.11	187.15	106.72	64.79	27.92
	24	2.26	2.04	1.43	6.28	3.70	0.80	34.32	19.21	12.93	7.37	4.48	1.93
	25	39.67	35.75	25.14	110.08	64.75	14.02	601.39	336.67	226.56	129.19	78.44	33.80
	26	1.34	1.21	0.85	3.73	2.19	0.48	20.37	11.41	7.68	4.38	2.66	1.15
丰水年	27	1.69	1.52	1.07	4.68	2.75	0.60	25.57	14.31	9.63	5.49	3.34	1.44
	28	6.60	5.94	4.18	18.30	10.76	2.33	99.97	55.97	37.66	21.48	13.04	5.62
	29	3.30	2.97	2.09	9.15	5.38	1.17	49.96	27.97	18.82	10.73	6.52	2.81
	30	15.25	13.74	9.66	42.31	24.89	5.39	231.16	129.41	87.09	49.66	30.15	12.99
	31	0.16	0.15	0.10	0.46	0.27	0.06	2.49	1.39	0.94	0.53	0.32	0.14
	32	36.90	33.25	23.39	102.39	60.22	13.04	559.33	313.13	210.72	120.15	72.95	31.44
	33	5.15	4.64	3.26	14.29	8.40	1.82	78.06	43.70	29.41	16.77	10.18	4.39
	34	5.31	4.78	3.36	14.72	8.66	1.88	80.42	45.02	30.30	17.28	10.49	4.52
	35	1.51	1.36	0.96	4.20	2.47	0.53	22.92	12.83	8.63	4.92	2.99	1.29
	1	1.18	1.14	1.15	1.44	3.79	0.52	9.44	15.29	13.09	4.99	2.16	0.85
	2	5.48	5.28	5.33	6.69	17.61	2.40	43.91	71.14	60.86	23.20	10.06	3.95
	3	1.39	1.34	1.35	1.70	4.46	0.61	11.13	18.03	15.42	5.88	2.55	1.00
	4	7.16	6.90	6.96	8.74	23.01	3.14	57.37	92.93	79.51	30.30	13.14	5.16
	5	0	0	0	0	0	0.01	0.01	0.01	0	0	0
	6	4.19	4.04	4.08	5.12	13.49	1.84	33.62	54.46	46.60	17.76	7.70	3.03
	7	10.30	9.93	10.02	12.58	33.11	4.52	82.55	133.73	114.42	43.61	18.91	7.43
	8	5.48	5.28	5.33	6.69	17.62	2.41	43.93	71.17	60.89	23.21	10.06	3.95
	9	1.41	1.36	1.37	1.72	4.53	0.62	11.29	18.29	15.65	5.96	2.59	1.02
平水年	10	7.48	7.21	7.28	9.14	24.05	3.28	59.97	97.14	83.11	31.68	13.74	5.40
	11	18.93	18.25	18.43	23.13	60.89	8.31	151.80	245.90	210.39	80.18	34.77	13.66
	12	14.72	14.19	14.33	17.99	47.35	6.46	118.04	191.22	163.61	62.35	27.04	10.63
	13	10.83	10.44	10.54	13.22	34.82	4.75	86.80	140.60	120.30	45.85	19.88	7.81
	14	14.20	13.69	13.82	17.34	45.66	6.23	113.83	184.39	157.76	60.13	26.07	10.25
	15	1.77	1.71	1.72	2.16	5.69	0.78	14.18	22.98	19.66	7.49	3.25	1.28
	16	11.67	11.25	11.36	14.26	37.54	5.12	93.60	151.62	129.73	49.44	21.44	8.42
	17	19.90	19.18	19.37	24.31	63.99	8.73	159.53	258.43	221.11	84.27	36.54	14.36
	18	5.36	5.17	5.22	6.55	17.23	2.35	42.96	69.59	59.54	22.69	9.84	3.87
	19	7.97	7.68	7.76	9.74	25.63	3.50	63.90	103.52	88.57	33.75	14.64	5.75

续表

水平年	序号	1月	2月	3月	4月	5月	6月	7月	8月	9月	10月	11月	12月
平水年	20	9.06	8.73	8.82	11.07	29.13	3.98	72.63	117.65	100.66	38.36	16.64	6.54
	21	2.26	2.18	2.20	2.76	7.27	0.99	18.12	29.36	25.12	9.57	4.15	1.63
	22	5.45	5.25	5.30	6.65	17.52	2.39	43.67	70.75	60.53	23.07	10.00	3.93
	23	32.09	30.93	31.23	39.20	103.20	14.08	257.26	416.75	356.56	135.89	58.93	23.16
	24	2.22	2.14	2.16	2.71	7.13	0.97	17.77	28.79	24.63	9.39	4.07	1.60
	25	38.85	37.45	37.81	47.45	124.93	17.05	311.44	504.51	431.65	164.51	71.34	28.03
	26	1.32	1.27	1.28	1.61	4.23	0.58	10.55	17.09	14.62	5.57	2.42	0.95
	27	1.65	1.59	1.61	2.02	5.31	0.72	13.24	21.45	18.35	6.99	3.03	1.19
	28	6.46	6.22	6.28	7.89	20.77	2.83	51.77	83.87	71.76	27.35	11.86	4.66
	29	3.23	3.11	3.14	3.94	10.38	1.42	25.88	41.92	35.86	13.67	5.93	2.33
	30	14.93	14.39	14.53	18.24	48.02	6.55	119.71	193.92	165.91	63.23	27.42	10.77
	31	0.16	0.15	0.16	0.20	0.52	0.07	1.29	2.09	1.79	0.68	0.30	0.12
	32	36.13	34.83	35.16	44.13	116.19	15.86	289.66	469.22	401.46	153.01	66.35	26.07
	33	5.04	4.86	4.91	6.16	16.21	2.21	40.42	65.48	56.03	21.35	9.26	3.64
	34	5.19	5.01	5.06	6.35	16.71	2.28	41.65	67.47	57.72	22.00	9.54	3.75
	35	1.48	1.43	1.44	1.81	4.76	0.65	11.87	19.23	16.45	6.27	2.72	1.07
枯水年	1	1.70	1.79	0.50	1.52	1.49	1.51	18.96	13.32	11.53	3.99	0.55	1.50
	2	7.91	8.34	2.35	7.08	6.95	7.01	88.19	61.94	53.63	18.54	2.56	6.98
	3	2.01	2.11	0.60	1.79	1.76	1.78	22.35	15.70	13.59	4.70	0.65	1.77
	4	10.34	10.89	3.07	9.25	9.08	9.16	115.21	80.91	70.07	24.23	3.34	9.12
	5	0	0	0	0	0	0	0.01	0.01	0.01	0	0	0
	6	6.06	6.38	1.80	5.42	5.32	5.37	67.52	47.42	41.06	14.20	1.96	5.34
	7	14.88	15.67	4.41	13.31	13.07	13.19	165.79	116.43	100.83	34.86	4.81	13.12
	8	7.92	8.34	2.35	7.08	6.95	7.02	88.23	61.97	53.66	18.55	2.56	6.98
	9	2.04	2.14	0.60	1.82	1.79	1.80	22.68	15.93	13.79	4.77	0.66	1.79
	10	10.81	11.38	3.21	9.67	9.49	9.58	120.43	84.58	73.24	25.32	3.49	9.53
	11	27.36	28.81	8.12	24.47	24.02	24.25	304.85	214.10	185.40	64.11	8.85	24.12
	12	21.28	22.41	6.31	19.03	18.68	18.85	237.06	166.49	144.17	49.85	6.88	18.76
	13	15.64	16.47	4.64	13.99	13.74	13.86	174.31	122.42	106.01	36.65	5.06	13.79
	14	20.52	21.61	6.09	18.35	18.02	18.18	228.60	160.54	139.03	48.07	6.63	18.09
	15	2.56	2.69	0.76	2.29	2.24	2.27	28.49	20.01	17.32	5.99	0.83	2.25
	16	16.87	17.77	5.00	15.09	14.81	14.95	187.97	132.01	114.32	39.53	5.46	14.87
	17	28.75	30.28	8.53	25.71	25.25	25.48	320.38	225.00	194.85	67.37	9.30	25.35
	18	7.74	8.15	2.30	6.92	6.80	6.86	86.28	60.59	52.47	18.14	2.50	6.83
	19	11.52	12.13	3.42	10.30	10.11	10.21	128.33	90.13	78.05	26.99	3.72	10.15

续表

水平年	序号	1月	2月	3月	4月	5月	6月	7月	8月	9月	10月	11月	12月
	20	13.09	13.79	3.88	11.71	11.49	11.60	145.85	102.43	88.70	30.67	4.23	11.54
	21	3.27	3.44	0.97	2.92	2.87	2.89	36.39	25.56	22.13	7.65	1.06	2.88
	22	7.87	8.29	2.34	7.04	6.91	6.98	87.71	61.60	53.34	18.44	2.55	6.94
	23	46.37	48.83	13.76	41.47	40.72	41.09	516.65	362.84	314.21	108.64	14.99	40.88
	24	3.20	3.37	0.95	2.86	2.81	2.84	35.69	25.07	21.71	7.51	1.04	2.82
	25	56.13	59.11	16.65	50.20	49.29	49.74	625.45	439.25	380.38	131.52	18.15	49.49
	26	1.90	2.00	0.56	1.70	1.67	1.69	21.19	14.88	12.89	4.46	0.61	1.68
枯水年	27	2.39	2.51	0.71	2.13	2.10	2.12	26.59	18.68	16.17	5.59	0.77	2.10
	28	9.33	9.83	2.77	8.34	8.19	8.27	103.97	73.02	63.23	21.86	3.02	8.23
	29	4.66	4.91	1.38	4.17	4.10	4.13	51.96	36.49	31.60	10.93	1.51	4.11
	30	21.58	22.72	6.40	19.30	18.95	19.12	240.41	168.84	146.21	50.55	6.98	19.02
	31	0.23	0.24	0.07	0.21	0.20	0.21	2.59	1.82	1.57	0.54	0.08	0.20
	32	52.21	54.98	15.49	46.69	45.84	46.27	581.70	408.53	353.78	122.32	16.88	46.02
	33	7.29	7.67	2.16	6.52	6.40	6.46	81.18	57.01	49.37	17.07	2.36	6.42
	34	7.51	7.91	2.23	6.71	6.59	6.65	83.64	58.74	50.87	17.59	2.43	6.62
	35	2.14	2.25	0.63	1.91	1.88	1.90	23.84	16.74	14.50	5.01	0.69	1.89

　　模拟结果显示丰水年、平水年和枯水年 7—9 月排放上限分别限占全年排放量的 68.69%、68.74%、和 75.05%，同一水平年内 7—9 月排放上限也明显高于其他月份；对于不同水平年，NH_3-N 排放上限受河道断流影响较大，枯水年可排放总量较丰水年和平水年高 13.56% 和 6.08%。

6.5　水量、水质联合调控

　　通过模拟发现，当流域 NH_3-N 排放量减少 85.1% 时，流域出口月均 NH_3-N 浓度才可达标，大幅度降低污染物排放量在短期内很难实现，为此提出如下两项建议确保流域出口水质达标。

6.5.1　保证水质达标流量

　　水质达标流量就是维持河道断面水质满足当地标准的河道最低流量。为协调河流水资源开发利用与生态保护之间的矛盾，需要寻找一种平衡，即能维持河口水质达标，又能满足人类生存生活的需要。海河流域水资源开发利用率已达到 106%，远远超过了世界公认的安全警戒线 40%，以至于大部分支流长期处于断流状态。河道基本没有基流，已不能简单称之为河流，径流被高度人工控制，枯水季节，往往一潭死水，洪水季节，污水倾泻，易发污染事故。

　　在现状排放量情景下，7—10 月月均 NH_3-N 均未超标，经分析，这 4 个月降雨充足，河道径流大，河道纳污能力相对较大。其他月份径流少，河道纳污能力差。在不减少排放量的前提下，保证一定的河道流量，提升河道的纳污能力，可有效降低河道污染程度。

水质达标流量是在现状排放的场景下，给定相同的温度、相对湿度、风速和日照强度，通过设定不同的日降雨场景（表 6.7），以此模拟确定流域出口水质达标时最小流量。

表 6.7　　为确定水质达标流量设置的气象场景

ID	日降雨/mm	最低气温/℃	最高气温/℃	相对湿度/%	风速/(m/s)	日照强度/(MJ/m²)
1	0.5	20	30	0.7	0	8
2	1	20	30	0.7	0	8
3	1.5	20	30	0.7	0	8
4	2	20	30	0.7	0	8
5	2.5	20	30	0.7	0	8
6	3	20	30	0.7	0	8
7	3.5	20	30	0.7	0	8
8	4	20	30	0.7	0	8
9	4.5	20	30	0.7	0	8
10	5	20	30	0.7	0	8
11	5.5	20	30	0.7	0	8
12	6	20	30	0.7	0	8
13	6.5	20	30	0.7	0	8
14	7	20	30	0.7	0	8
15	7.5	20	30	0.7	0	8
16	8	20	30	0.7	0	8
17	8.5	20	30	0.7	0	8
18	9	20	30	0.7	0	8
19	9.5	20	30	0.7	0	8
20	10	20	30	0.7	0	8
21	10.5	20	30	0.7	0	8
22	11	20	30	0.7	0	8

将模拟结果绘制于图中（图 6.8），并进行拟合，当给定子流域出口 NH_3-N 浓度为 2mg/L 时，计算各子流域保证水质达标的最低流量，见表 6.8。

表 6.8　　各子流域保证水质达标的最低流量

子流域	径流/(m³/s)	子流域	径流/(m³/s)
1	0.16	5	0.01
2	1.86	6	0.63
3	1.58	7	1.48
4	1.60	8	2.64

子流域	径流/(m³/s)	子流域	径流/(m³/s)
9	0.94	23	6.82
10	1.75	24	0.26
11	3.50	25	5.68
12	6.91	26	2.43
13	10.32	27	1.00
14	4.29	28	3.45
15	0.16	29	0.56
16	1.64	30	2.60
17	8.71	31	0.02
18	2.66	32	6.57
19	4.56	33	1.51
20	5.27	34	4.71
21	4.93	35	0.62
22	0.80		

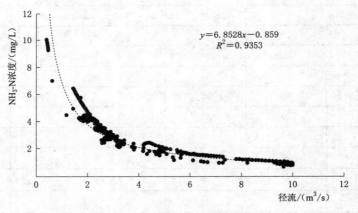

图 6.8　台头断面 NH_3-N 浓度与径流关系

6.5.2　优化污染物年内排放量

　　大清河流域 2017 年全年 NH_3-N 排放量为 11128.54t，全年月均 NH_3-N 浓度达标仅有 4 个子流域，占比 11.43%，水资源污染非常严重。由于夏秋季雨水充足，水环境容量相对较大，河道纳污能力较强，有 57.14% 的子流域在 7—9 月水质达标，水质达标的子流域在 7—9 月的径流量占全年总径流量的 57.29%。为此提出基于水环境容量的排放强度优化措施，调整污染物排放时间，能有效利用河道的纳污能力，保证流域出口水质达标。

　　因此，本书以不增加污染物排放量为前提（以 2017 年排放量为基准），对不同水平年各月水质达标下的 NH_3-N 排放预警值按比例进行缩减，得出优化后的污染物排放量以

及 NH_3-N 浓度（表6.9），

表6.9 优化后的污染物排放量和 NH_3-N 浓度

月份	丰 水 年			平 水 年			枯 水 年		
	排放量/t	模拟径流/(m³/s)	NH_3-N浓度/(mg/L)	排放量/t	模拟径流/(m³/s)	NH_3-N浓度/(mg/L)	排放量/t	模拟径流/(m³/s)	NH_3-N浓度/(mg/L)
1	0.76	0.21	1.74	96.13	1.47	1.99	5.23	0.70	1.82
2	10.09	0.58	1.01	116.75	0.59	1.94	24.76	3.63	1.94
3	53.53	2.07	1.58	231.81	0.36	1.71	668.90	27.92	1.43
4	787.25	6.98	1.30	290.94	4.85	0.69	1364.47	21.57	1.70
5	565.47	0.59	1.81	765.96	4.51	0.90	851.36	10.11	1.12
6	1212.94	3.73	0.84	104.54	0.35	0.36	532.99	6.02	1.79
7	3004.87	42.57	0.39	2216.67	24.81	0.87	1663.18	2.09	0.77
8	3118.49	42.69	0.34	3093.50	69.98	1.27	2906.43	3.43	0.64
9	1693.75	34.63	0.71	2646.55	89.79	1.36	1840.61	34.42	0.72
10	565.29	17.39	1.81	1008.66	88.24	1.36	667.70	13.47	1.43
11	112.24	15.30	1.41	437.41	28.39	1.51	598.96	12.37	1.59
12	3.85	2.93	1.59	119.62	4.15	1.95	3.96	0.22	1.61

通过模拟发现，以平水年为例，各子流域 NH_3-N 在7—9月3个月水质达标率达到57.14%，径流量占全年总径流量的57.29%，通过优化 NH_3-N 年内排放强度，流域出口断面月均 NH_3-N 浓度显著降低（<1.99mg/L），均达到Ⅴ类水标准以上（具体各子流域排放量见表6.10）。

表6.10 平水年各月各子流域 NH_3-N 优化排放量 单位：t

子流域	1月	2月	3月	4月	5月	6月	7月	8月	9月	10月	11月	12月
1	0.36	0.44	0.87	1.09	2.86	0.39	8.29	11.57	9.90	3.77	1.64	0.45
2	1.67	2.03	4.03	5.06	13.32	1.82	38.55	53.80	46.03	17.54	7.61	2.08
3	0.42	0.51	1.02	1.28	3.38	0.46	9.77	13.63	11.67	4.45	1.93	0.53
4	2.18	2.65	5.27	6.61	17.40	2.38	50.37	70.28	60.13	22.92	9.94	2.72
5	0	0	0	0	0	0	0.01	0.01	0.01	0	0	0
6	1.28	1.55	3.09	3.87	10.20	1.39	29.52	41.19	35.24	13.43	5.82	1.59
7	3.14	3.82	7.58	9.51	25.04	3.42	72.48	101.14	86.53	32.98	14.30	3.91
8	1.67	2.03	4.03	5.06	13.33	1.82	38.57	53.83	46.05	17.55	7.61	2.08
9	0.43	0.52	1.04	1.30	3.43	0.47	9.91	13.83	11.84	4.51	1.96	0.53
10	2.28	2.77	5.51	6.91	18.19	2.48	52.65	73.47	62.86	23.96	10.39	2.84
11	5.78	7.02	13.94	17.49	46.05	6.29	133.27	185.98	159.12	60.64	26.30	7.19
12	4.49	5.46	10.84	13.60	35.81	4.89	103.64	144.62	123.74	47.16	20.45	5.59
13	3.30	4.01	7.97	10.00	26.33	3.59	76.20	106.34	90.98	34.68	15.04	4.11

续表

子流域	1月	2月	3月	4月	5月	6月	7月	8月	9月	10月	11月	12月
14	4.33	5.26	10.45	13.12	34.53	4.71	99.94	139.46	119.32	45.47	19.72	5.39
15	0.54	0.66	1.30	1.63	4.30	0.59	12.45	17.38	14.87	5.67	2.46	0.67
16	3.56	4.33	8.59	10.79	28.40	3.88	82.18	114.67	98.11	37.39	16.22	4.43
17	6.07	7.38	14.65	18.38	48.40	6.61	140.06	195.45	167.22	63.73	27.64	7.56
18	1.64	1.99	3.94	4.95	13.03	1.78	37.72	52.63	45.03	17.16	7.44	2.04
19	2.43	2.95	5.87	7.36	19.39	2.65	56.10	78.29	66.98	25.53	11.07	3.03
20	2.77	3.36	6.67	8.37	22.03	3.01	63.76	88.98	76.13	29.01	12.58	3.44
21	0.69	0.84	1.66	2.09	5.50	0.75	15.91	22.20	19.00	7.24	3.14	0.86
22	1.66	2.02	4.01	5.03	13.25	1.81	38.34	53.51	45.78	17.45	7.57	2.07
23	9.79	11.90	23.62	29.65	78.05	10.65	225.87	315.18	269.67	102.78	44.57	12.19
24	0.68	0.82	1.63	2.05	5.39	0.74	15.60	21.77	18.63	7.10	3.08	0.84
25	11.86	14.40	28.59	35.89	94.48	12.90	273.43	381.56	326.46	124.42	53.96	14.75
26	0.40	0.49	0.97	1.22	3.20	0.44	9.26	12.93	11.06	4.22	1.83	0.50
27	0.50	0.61	1.22	1.53	4.02	0.55	11.63	16.22	13.88	5.29	2.29	0.63
28	1.97	2.39	4.75	5.97	15.71	2.14	45.45	63.43	54.27	20.68	8.97	2.45
29	0.99	1.20	2.38	2.98	7.85	1.07	22.72	31.70	27.12	10.34	4.48	1.23
30	4.56	5.54	10.99	13.79	36.32	4.96	105.10	146.66	125.48	47.82	20.74	5.67
31	0.05	0.06	0.12	0.15	0.39	0.05	1.13	1.58	1.35	0.51	0.22	0.06
32	11.03	13.39	26.59	33.38	87.87	11.99	254.31	354.87	303.63	115.72	50.18	13.72
33	1.54	1.87	3.71	4.66	12.26	1.67	35.49	49.52	42.37	16.15	7.00	1.92
34	1.59	1.93	3.82	4.80	12.63	1.72	36.56	51.02	43.66	16.64	7.22	1.97
35	0.45	0.55	1.09	1.37	3.60	0.49	10.42	14.54	12.44	4.74	2.06	0.56

对排放量进一步分析，以现状排放量作为污染物排放场景，以 2000—2017 年气象实测资料为气象场景，计算水质达标条件下个各月 $NH_3 - N$ 排放的最大值和最小值（表 6.11），并绘制优化 $NH_3 - N$ 年内排放的三线调控图（图 6.9）。结果显示将排放量集中于 7—9 月，可以有效利用河道纳污能力，降低河道污染物浓度，保证河道水质达标，有利于促进河道周围生态改善，是一种良好的调控措施。

表 6.11　　　　　　　　　　　水质达标条件下各月最大和最小排放量　　　　　　　　　　单位：t

月份	最大排放	最小排放	平均排放
1	216.39	3.33	50.06
2	476.42	4.06	114.82
3	908.31	119.08	332.47
4	1364.47	154.17	568.75
5	1624.76	160.91	673.23

续表

月份	最大排放	最小排放	平均排放
6	2004.43	37.67	927.45
7	3328.89	250.42	2343.72
8	3938.64	1101.38	3024.90
9	2600.40	1356.69	1913.70
10	1228.84	209.44	796.58
11	598.96	103.48	313.55
12	228.80	3.52	69.32

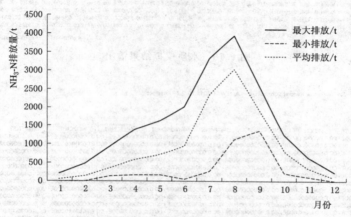

图 6.9　水质达标条件下 NH_3 - N 排放量

6.6　典型应用平台设计

6.6.1　水质模拟结果输出

后台接收到水质模拟请求，触发调用模型运算程序，当计算完成，后台服务进程从 TxtInOut \ output. rch 文件的 NH_4 _ OUTkg 一列选取当月 NH_3 - N 总量，单位为 kg，从 TxtInOut/output. rch 文件的 FLOW _ OUTcms 一列读取月平均流量，单位为 m^3/s，按照月份确定一个月有多少秒，计算 NH_3 - N 浓度（mg/L），作为水质过程线纵坐标的值。标准值为 2mg/L。

注：output. rch 文件说明，图 6.10，RCH 表示各个子流域，MON 是各个月份。

6.6.2　全流域减排控制模拟

后台接收到全流域减排控制命令后，在 \ TxtInOut \ 1p. dat - 35p. dat 中的（图 6.11）中进行修改，例如减排至 75%，则在对应的日期修改为该数乘 0.75，后台调用 SWAT. exe 文件进行计算，并将输出结果模拟展示。

6.6.3　水库泄水、子流域减排控制模拟

1. 水库泄水控制

服务器收到泄水控制请求后，修改相应水库的泄水流量数值，例如 29 子流域水库，

91

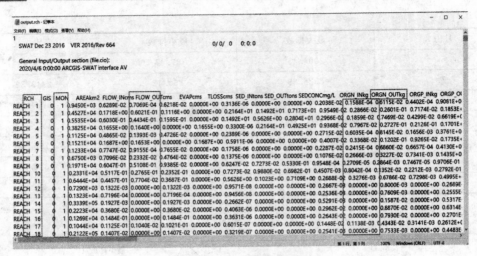

图 6.10 水质模拟结果输出

图 6.11 子流域参数

在000290000.mon 文件中修改对应的时间的水库泄流量，录入并保存修改结果，如图 6.12行表示年份，从 2000—2017 年，列表示月份，从 1—12 月。

2. 子流域减排控制

触发子流域减排控制响应后，一共 35 个子流域，当选定对相应子流域污染排放数值修改后，在对应的 * p.dat 文件中进行修改，并保存修改结果（图 6.13）。

3. 水质模拟

确定水库泄流量，和相关子流域排放控制后调用 SWAT.exe 文件，进行水质模拟，当计算完成，后台服务进程从 TxtInOut \ output.rch 文件的 NH$_4$_OUTkg 一列选取当月 NH$_3$-N 总量，单位为 kg，从 TxtInOut \ output.rch 文件的 FLOW_OUTcms 一列读取月平均流量，单位为立方米每秒，按照月份确定一个月有多少秒，计算 NH$_3$-N 浓度（mg/L），作为水质过程线纵坐标的值。标准值为 2mg/L，超标以高亮显示，结果展示如图 6.14 所示。

000290000.mon - 记事本

文件(F) 编辑(E) 格式(O) 查看(V) 帮助(H)

Monthly Reservoir Outflow file: .mon file Subbasin:29 2020/8/10 0:00:00 ArcSWAT 2012.10 _2.19

0.21	0.21	5.98	6.64	14.32	3.02	35.32	0.27	0.20	0.20	1.51	17.28
13.01	0.20	3.29	12.35	17.73	27.36	4.37	0.29	0.26	3.03	9.48	2.01
0.23	0.22	10.84	4.14	2.47	5.25	0.90	19.20	0.28	0.27	5.81	0.19
13.00	29.79	39.33	2.81	4.83	0.76	0.00	0.00	0.00	0.00	0.00	0.00
0.00	0.00	7.09	0.74	8.29	3.37	16.55	2.26	0.00	10.79	6.28	0.00
0.00	0.00	14.99	22.82	12.00	0.24	0.00	0.00	0.00	8.75	22.92	2.64
0.00	0.00	16.84	23.13	11.48	0.30	0.00	0.00	0.00	0.00	6.09	0.00
0.00	0.00	1.57	5.45	0.00	0.00	0.00	0.00	0.00	0.00	0.00	0.00
0.00	0.00	2.96	5.97	0.25	0.00	0.00	0.00	0.00	0.00	3.16	1.66
0.00	3.16	24.74	37.69	22.98	20.97	15.28	0.00	0.00	0.00	0.00	0.00
0.00	0.00	0.00	5.02	0.00	0.00	1.07	0.00	1.39	9.83	0.00	0.42
0.00	0.00	0.00	8.30	0.00	0.00	0.00	0.00	0.00	0.00	0.00	0.00
0.00	0.00	0.00	0.00	0.00	0.00	4.00	17.59	1.33	0.00	0.00	0.00
0.00	0.00	0.00	0.00	0.00	0.00	43.39	0.88	1.30	1.67	1.84	0.00
0.00	0.00	0.00	0.00	0.00	0.95	1.71	4.15	0.00	0.00	0.00	0.00
0.00	0.00	0.58	8.68	0.66	0.58	2.12	0.00	0.00	0.00	0.00	0.00
0.00	0.00	0.00	0.00	0.00	0.00	0.00	0.00	0.00	0.00	0.00	0.00

图 6.12 水库泄水流量

2020/8/10 0:00:00 .dat file Annual Record Subbasin 8 in ArcSWAT 2012.10 _2.19 interface

YEAR	FLOCNST	SEDCNST	ORGNCNST	ORGPCNST	NO3CNST	NH3CNST	NO2CNST	MINPCNST	CBODCNST
2000	0.0000000000E+00	0.0000000000E+00	0.0000000000E+00	0.0000000000E+00	0.0000000000E+00	0.0000000000E+00	0.0000000000E+00	0.0000000000E+00	0.0000000
2001	0.0000000000E+00	0.0000000000E+00	0.0000000000E+00	0.0000000000E+00	0.0000000000E+00	0.0000000000E+00	0.0000000000E+00	0.0000000000E+00	0.0000000
2002	0.0000000000E+00	0.0000000000E+00	0.0000000000E+00	0.0000000000E+00	0.0000000000E+00	0.0000000000E+00	0.0000000000E+00	0.0000000000E+00	0.0000000
2003	0.0000000000E+00	0.0000000000E+00	0.0000000000E+00	0.0000000000E+00	0.0000000000E+00	0.0000000000E+00	0.0000000000E+00	0.0000000000E+00	0.0000000
2004	0.0000000000E+00	0.0000000000E+00	0.0000000000E+00	0.0000000000E+00	0.0000000000E+00	0.0000000000E+00	0.0000000000E+00	0.0000000000E+00	0.0000000
2005	0.0000000000E+00	0.0000000000E+00	0.0000000000E+00	0.0000000000E+00	0.0000000000E+00	0.0000000000E+00	0.0000000000E+00	0.0000000000E+00	0.0000000
2006	0.0000000000E+00	0.0000000000E+00	0.0000000000E+00	0.0000000000E+00	0.0000000000E+00	0.0000000000E+00	0.0000000000E+00	0.0000000000E+00	0.0000000
2007	0.0000000000E+00	0.0000000000E+00	0.0000000000E+00	0.0000000000E+00	0.0000000000E+00	0.0000000000E+00	0.0000000000E+00	0.0000000000E+00	0.0000000
2008	0.0000000000E+00	0.0000000000E+00	0.0000000000E+00	0.0000000000E+00	0.0000000000E+00	0.0000000000E+00	0.0000000000E+00	0.0000000000E+00	0.0000000
2009	0.0000000000E+00	0.0000000000E+00	0.0000000000E+00	0.0000000000E+00	0.0000000000E+00	0.0000000000E+00	0.0000000000E+00	0.0000000000E+00	0.0000000
2010	1.0000000000E+00	0.0000000000E+00	0.0000000000E+00	0.0000000000E+00	0.0000000000E+00	0.0000000000E+00	7.5662510000E+01	0.0000000000E+00	0.0000000
2011	1.0000000000E+00	0.0000000000E+00	0.0000000000E+00	0.0000000000E+00	0.0000000000E+00	0.0000000000E+00	1.0508662000E+02	0.0000000000E+00	0.0000000
2012	1.0000000000E+00	0.0000000000E+00	0.0000000000E+00	0.0000000000E+00	0.0000000000E+00	0.0000000000E+00	1.0382578000E+02	0.0000000000E+00	0.0000000
2013	1.0000000000E+00	0.0000000000E+00	0.0000000000E+00	0.0000000000E+00	0.0000000000E+00	0.0000000000E+00	1.0340543000E+02	0.0000000000E+00	0.0000000
2014	1.0000000000E+00	0.0000000000E+00	0.0000000000E+00	0.0000000000E+00	0.0000000000E+00	0.0000000000E+00	1.0025283000E+02	0.0000000000E+00	0.0000000
2015	1.0000000000E+00	0.0000000000E+00	0.0000000000E+00	0.0000000000E+00	0.0000000000E+00	0.0000000000E+00	1.0256474000E+02	0.0000000000E+00	0.0000000
2016	1.0000000000E+00	0.0000000000E+00	0.0000000000E+00	0.0000000000E+00	0.0000000000E+00	0.0000000000E+00	9.8445590000E+01	0.0000000000E+00	0.0000000
2017	1.0000000000E+00	0.0000000000E+00	0.0000000000E+00	0.0000000000E+00	0.0000000000E+00	0.0000000000E+00	1.1397278000E+02	0.0000000000E+00	0.0000000

图 6.13 子流域参数

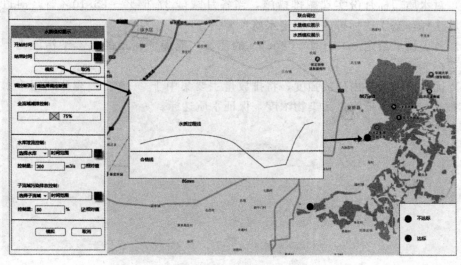

图 6.14 (一) 水质模拟展示

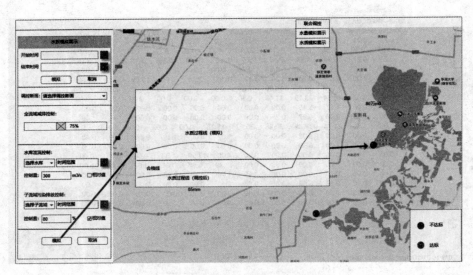

图 6.14（二） 水质模拟展示

6.7 小结

本章计算重现期暴雨量，分析大清河流域典型水文站的流量水位关系，建立流量水位关系曲线；设定多个点源排放和气象场景，分析污染物排放量与河道污染浓度关系，在水量水质预警值的前提下，提出保证河道水质达标的水量、水质联合调控方案。得出如下结论：

（1）降雨与径流有着显著的关系，通过对紫荆关、张坊和阜平县（三）三个水文站的模拟，构建重现期降雨对水文站水位高程的影响关系，实现水量预警功能。

（2）对水质超标月份实现减排措施，当各月减排 37.64%～85.10% 时，河道污染物浓度可以达标，基于达标排放量确定水质预警值。

（3）各子流域给定 0.01～10.32m³/s 的径流，能保证河道的基本纳污能力，确保河道水质达标。

（4）优化污染物年内排放强度，将排放量主要集中于 7—9 月，充分利用丰水期河道纳污能力，可有效降低河道污染物浓度，保证水质达标。

第7章 结论、创新与展望

7.1 结论

本书通过建立大清河流域 SWAT 模型，设定多个气象和点源污染排放场景，模拟分析大清河流域水量、水质预警值，提出水量、水质联合调控措施，主要结论如下：

（1）同样的降雨重现期场景下，不同站点的最大径流和最高水位预警值存在一定的差异，当遭遇 100 年一遇暴雨时，紫荆关、张坊和阜平县（三）个站点水位分别达到 521.23m、106.12m 和 253.85m，整体上紫荆关的汛期洪水压力最大。当水文站确定水位预警值时，可基于暴雨和水位关系获得对应的降雨量；当气象站监测到一定的降雨量时，亦可对水文站发出对应的水位预警信息，以实现水量预警功能。

（2）依据排放比例和流域出口 $NH_3 - N$ 浓度的关系，不同水平年各月 $NH_3 - N$ 排放量缩减 37.64%～85.10% 时（以 2017 年排放量为基准），流域出口水质可以达标，$NH_3 - N$ 排放量上限为 504.5t/m。丰水年、平水年、枯水年 7—9 月的排放上限占全年 68.69%、68.74%、和 75.05%，同一水平年内 7—9 月的排放上限也明显高于其他月份。

（3）本书提出了保证水质达标基本流量的调控方法。在不减少排放量的前提下，保证一定的河道流量，提升河道的纳污能力。模拟结果显示当各子流域河道确保 0.01～10.32m^3/s 的基本径流时，可实现全部流域出口 $NH_3 - N$ 浓度达标。

（4）本书提出了基于水环境容量的 $NH_3 - N$ 年内排放量优化措施。通过优化 $NH_3 - N$ 年内排放强度，流域出口断面月均 $NH_3 - N$ 浓度显著降低（<1.99mg/L），均达到 V 类水标准以上。将排放量集中于 7—9 月能有效利用夏秋季河道的纳污能力，保证流域出口水质达标。

7.2 创新

针对大清河流域的污染物排放特点和用水特征，建立 SWAT 模型为流域管理措施提供方案，主要创新点如下：

（1）提出保证水质达标的流量。各子流域由于工厂的分布导致污染物排放强度不同，不能基于均值或仅考虑流域出口处来计算保证水质达标的流量，因此本书对 35 个子流域出口的水量、水质进行模拟分析，确定了各子流域的水质达标流量，更佳细化了调控方案，保证方案的可行性与可操作性。

（2）提出优化污染物年内排放量的方案。大清河流域在 7—9 月的降雨量可占全年降雨量的 80%，而其他月份，河道水量较少，纳污能力差。因此，在不减少原有污染物排放量的前提下，充分利用丰水期时的河道纳污能力，将河道污染物浓度降至达标浓度，该方案同样对 35 个子流域出口水量、水质进行模拟分析，并进行了排放量的优化，保证了方案的可操作性。

7.3　展望

本书面向京津冀的一体化协同发展的需求，以大清河流域为代表研究区，从技术和应用等层面开展了京津冀地区水量、水质数据交换共享及综合管理调控研究，取得了一批具有实用价值的成果。未来，将结合政策方向和国内外热点开展进一步研究。

第一，近年来《白洋淀生态环境治理和保护规划（2018—2035 年）》等一系列文件对大清河流域及京津冀地区的生态环境治理和保护进一步作出了详细规划，指出要按照不同的空间管控要求实施不同的生态环境管控层次，并明确给出了环境综合治理和生态修复各阶段任务应遵循的时间表。在这一背景下，未来将围绕相关政策规划文件，面向京津冀的一体化协同发展的需求和不同生态空间区域的管控要求，完善水量与水质的协同演进模型，细化各级生态空间区域的水量水质预警阈值及调控目标，从而支撑流域和京津冀地区的高质量发展。

第二，在全球变暖和区域经济社会高速发展的背景下，京津冀地区下垫面和气候特征变化迅速，生态环境本底条件亦处于相对剧烈的变化阶段。未来将基于前述构建的水量与水质协同演进模型，综合考虑未来不同时间节点下气候的变化趋势和社会经济的发展趋势，开展变化环境下水量水质的预测和调控研究，从可持续性角度为流域和京津冀地区的生态环境保护提供支撑。

第三，本书基于降水放大等方式构建不同来水条件下的水量水质模拟情景。未来将基于水动力模块，结合研究区内工程实际情况考察工程调度情景下流域水量水质的演变特征和调控范围，进一步总结普适性规律，完善推广本书研究所得结论，为国内外相似研究提供借鉴经验和参考案例。

参 考 文 献

［ 1 ］ 祝尔娟，文魁. 推进京津冀区域协同发展的战略思考［J］. 前线，2015（5）：25 - 29.

［ 2 ］ 刘书瀚，姜达洋，王文静. 打造跨地区国家产业价值链 创新京津冀经济转型新模式［C］//京津冀协同发展的展望与思考——京津冀协同发展研讨会，2014.

［ 3 ］ 张贵，李彩月，吕晓静. 京津冀协同发展研究综述与展望［J］. 河北工业大学学报（社会科学版），2021，13（1）：1 - 11.

［ 4 ］ 陈玉玲，路丽，赵建玲. 区域创新要素协同发展水平测度及协同机制构建——以京津冀地区为例［J］. 工业技术经济，2021，40（4）：129 - 133.

［ 5 ］ 孙久文，蒋治."十四五"时期中国区域经济发展格局展望［J］. 中共中央党校（国家行政学院）学报，2021，25（2）：77 - 87.

［ 6 ］ 张晓娇. 大清河流域水循环模拟与演变规律研究［D］. 济南：济南大学，2020.

［ 7 ］ 中共河北省委，河北省人民政府. 河北雄安新区规划纲要［N］. 河北日报，2018 - 04 - 22（002）.

［ 8 ］ 李香云. 京津冀协同发展中的流域管理问题与对策建议［J］. 水利发展研究，2016，16（5）：1 - 3.

［ 9 ］ 李香云. 京津冀协同发展应强化流域综合管理［J］. 河北水利，2016（9）：30 - 31.

［10］ 王一文，李伟，王亦宁，等. 推进京津冀水资源保护一体化的思考［J］. 中国水利，2015（1）：1 - 4.

［11］ 曹晓峰，胡承志，齐伟晓，等. 京津冀水资源及水环境调控与安全保障策略［J］. 中国工程科学，2019，21（5）：130 - 136.

［12］ LEE J，CHAE K J . A systematic protocol of microplastics analysis from their identification to quantification in water environment：A comprehensive review［J］. Journal of Hazardous Materials，2020，403.

［13］ TSIHRINTZIS V A，VANGELIS H . Water Resources and Environment［J］. Water Resources Management，2018，32（15）：4813 - 4817.

［14］ KORYTNY L M . The basin concept：From hydrology to nature management［J］. Geography and Natural Resources，2017，38（2）：111 - 121.

［15］ MARKS D H. A new method for the realtime operation of reservoir systems［J］. Water Resources Research，1971，23（7）：1376 - 1390.

［16］ HAIMES Y Y，HALL W A. Multi - objectives in water resources systems analysis：the surrogate worth trade off method［J］. Water Resources Research，1975，10（4）：615 - 624.

［17］ PEARSON D，WALSH P D. The Derivation and Use of Control Curves for the Regional Allocation of Water Resources［J］. Optimal Allocation of Water Resources，1982（7）：275 - 283.

［18］ BRMUS N. 水资源科学分配［M］. 戴国瑞，冯尚友，等译. 北京：水利电力出版社，1983.

［19］ YEH W W G. Reservoir management ang operation models. A state of art review［J］. Water Resources Research，1985，12：1798 - 1818.

［20］ WONG，HUGH S Sun，Ne - Zheng. Optimization of conjunctive of surface water and groundwater with water quality constraints［A］. Proceedings of the Annual Water Resource Planning and Management Conference Apr 6 - 9 [C]. Sponsored by：ASCE，1997：408 - 413.

[21] LOFTIS B，LABADIS J W，FONTANE D G. Optimal operation of a system of lakes for quality and quantity [A]//Computer Applications in Water Resources [C]. New York：ASCE，1989：693 - 702.

[22] AVOGADRO E，MINCIARDI R，PAOLUCCI M. A decisional procedure for water resources planning taking into account water quality constrains [J]. European Journal of Operational Research，1997，102：320 - 334.

[23] LIANG T，NNAJI S. Managing water quality by mixing water from different sources [J]. Journal of Water Resources Planning and Management，1983，109 (1)：48 - 57.

[24] MEHREA C，PERCIAC C，ORON G. Optimal operation of a multi - source and multi - quality regional water system [J]. Water Resources Research，1992，28 (5)：1199 - 1206.

[25] HAYES D F，LABADIE J W，SANDERS T G，et al. Enhancing water quality in hydropower system operations [J]. Water Resources Research，1998，34 (3)：471 - 483.

[26] DAI Tewei，LABADIE J W. River basin network model for integrated water quantity/quality management [J]. Journal of Water Resources Planning and Management，2001，127 (5)：295 - 305.

[27] CAMPBELL J E，BRIGGS D A，DETON R A. Water quality operation with a blending reservoir and variable sources [J]. Journal of Water Resources Planning and Management，2002，128 (4)：288 - 302.

[28] CAI X，MCKINNEY D C，LASDON L S，et al. Integrated Hydrologic - Agronomic - Economic model for river basin management [J]. Journal of Water Resources Planning and Management，2003，129 (1)：4 - 17.

[29] PINGRY D E，SHAFTEL T L，BOLES K E. Role for decision - support systems in water - delivery design [J]. Journal of Water Resources Planning and Management，1991，117 (6)：629 - 644.

[30] 王好芳，董增川. 基于量与质的多目标水资源配置模型 [J]. 人民黄河，2004，26 (6)：14 - 15.

[31] 吴泽宁，索丽生，曹茜. 基于生态经济学的区域水质水量统一优化配置模型 [J]. 灌溉排水学报，2007，26 (2)：1 - 6.

[32] 董增川，卞戈亚，王船海，等. 基于数值模拟的区域水量水质联合调度研究 [J]. 水科学进展，2009，20 (2)：184 - 189.

[33] 付意成，魏传江，王瑞年，等. 水量水质联合调控模型及其应用 [J]. 水电能源科学，2009 (2)：31 - 35.

[34] 郭新蕾，陈大宏，蓝霄峰，等. 中山市岐江河水量水质量模型研究 [J]. 广东水利水电，2005 (3)：5 - 7.

[35] 游进军，薛小妮，牛存稳. 水量水质联合调控思路与研究进展 [J]. 水利水电技术，2010，41 (11)：7 - 9，18.

[36] 朱磊，李怀恩，李家科. 干旱半干旱地区重污染河流水质水量响应关系预测研究 [J]. 环境科学学报，2012，32 (10)：2617 - 2624.

[37] 马振民，裴现勇，邢立亭. 泰安岩溶水系统地下水水量水质模拟与预测 [J]. 济南大学学报 (自然科学版)，2003，17 (4)：301 - 304.

[38] 吴挺峰，周锷，崔广柏，等. 河网概化密度对河网水量水质模型的影响研究 [J]. 人民黄河，2006，28 (3)：46 - 48.

[39] 金科，王船海，俞晓亮，等. 引江济太水量水质联合调度模型在应急调水中的应用 [J]. 中国水利，2008 (1)：18 - 20.

[40] 李宁. 东江水资源水量水质监控系统建设思路 [J]. 广东水利水电，2009 (8)：45 - 46，49.

［41］ 张修宇，潘建波，张修萍．基于水量水质联合调控模式的水资源管理研究［J］．人民黄河，2011，33（6）：46－49．

［42］ 张守平，魏传江，康爱卿．水量水质联合配置方案评价指标体系研究［J］．人民黄河，2012，34（2）：79－83．

［43］ 牛存稳，贾仰文，王浩，等．黄河流域水量水质综合模拟与评价［J］．人民黄河，2007，29（11）：58－60．

［44］ 张荔，王晓昌．小流域水量水质综合模型模拟研究［J］．干旱区资源与环境，2008，22（2）：10－13．

［45］ SINGH V P．Hydrologic modeling：progress and future directions［J］．Geoence Letters，2018，5（1）：15．

［46］ OBEYSEKERA J，BARNES J，NUNGESSER M．Climate Sensitivity Runs and Regional Hydrologic Modeling for Predicting the Response of the Greater Florida Everglades Ecosystem to Climate Change［J］．Environmental Management，2015，55（4）：749－762．

［47］ ZHANG Q，LIU J，SINGH V P，et al．Hydrological responses to climatic changes in the Yellow River basin，China：Climatic elasticity and streamflow prediction［J］．Journal of Hydrology，2017：S0022169417306443．

［48］ GHOLIZADEH M，NABIZADEH E，MAHAMADPUR O，et al．Optimization of water quantity and quality in Mahabad River by SWAT model［J］．Research in Marine Sciences，2017，2（2）：112－129．

［49］ ABDULKAREEM J H，PRADHAN B，SULAIMAN W N A，et al．Review of studies on hydrological modelling in Malaysia［J］．Modeling Earth Systems and Environment，2018．

［50］ MA Changkun，SUN Lin，LIU Shiyin，et al．Impact of climate change on the streamflow in the glacierized Chu River Basin，Central Asia［J］．Journal of Arid Land，2015（4）：501－513．

［51］ MOUSAVI R，AHMADIZADEH M，MAROFI S．A Multi－GCM Assessment of the Climate Change Impact on the Hydrology and Hydropower Potential of a Semi－Arid Basin（A Case Study of the Dez Dam Basin，Iran）［J］．Water，2018，10（10）．

［52］ PUTTARAKSA M P，CHAUYSUK S．Influence of Rainfall Data Resolution and Catchment Subdivision on Runoff Modelling［C］//Egu General Assembly Conference．EGU General Assembly Conference Abstracts，2016．

［53］ DAS B，SINGH A，PANDA S N，et al．Optimal land and water resources allocation policies for sustainable irrigated agriculture［J］．Land Use Policy，2015，42：527－537．

［54］ ZARGHAMI M，SAFARI N，SZIDAROVSZKY F，et al．Nonlinear Interval Parameter Programming Combined with Cooperative Games：a Tool for Addressing Uncertainty in Water Allocation Using Water Diplomacy Framework［J］．Water Resources Management，2015，29（12）：4285－4303．

［55］ NEMATIAN J．An Extended Two－stage Stochastic Programming Approach for Water Resources Management under Uncertainty［J］．Journal of Environmental Informatics，2016．

［56］ PERCIAC，ORONG，MEHREZA．Optimal operation of regional system with diverse water quality sources［J］．Journal of Water Resources Planning and Management，ASCE，1997，123（2）：105－115．

［57］ POURMAND E，MAHJOURI N．A fuzzy multi－stakeholder multi－criteria methodology for water allocation and reuse in metropolitan areas［J］．Environmental Monitoring and Assessment，2018，190（7）：444.1－444.20．

［58］ PULIDO－Velázquez M，ANDREU J，SAHUQUILLO A，et al．Hydro－economic river basin

modelling：The application of a holistic surface – groundwater model to assess opportunity costs of water use in Spain [J]. Ecol Econ, 2008, 66 (1)：51 – 65.

[59] WARD F A, PULIDO V M. Water conservation in irrigation can increase water use [J]. PNAS, 2008, 105 (47)：18215 – 18220.

[60] KAHIL M T, DINAR A, ALBIAC J. Cooperative water management and ecosystem protection under scarcity and drought in arid and semiarid regions [J]. Water Resources & Economics, 2016, 13：60 – 74.

[61] XU C, FENG M. Joint risk of water quantity and quality in water sources of water diversion project. Journal of Northwest A & F University [J]. Natural Science Edition, 2016, 44 (9)：228 – 234.

[62] 刘园园. 白洋淀湿地生态系统的演变分析及健康评价 [D]. 保定：河北农业大学, 2019.

[63] 杨若辰. 白洋淀水功能分区方法研究 [J]. 河北水利, 2016 (3)：44.

[64] 李晓春, 崔惠敏. 白洋淀湿地生态现状评价及保护对策 [J]. 河北农业大学学报（农林教育版）, 2013, 15 (5)：101 – 104, 108.

[65] 程朝立, 赵军庆, 韩晓东. 白洋淀湿地近10年水质水量变化规律分析 [J]. 海河水利, 2011 (3)：10 – 11, 18.

[66] 邓睿清. 白洋淀湿地水资源—生态—社会经济系统及其评价 [D]. 保定：河北农业大学, 2011.

[67] 鞠勤国, 郑海利, 郑文超, 等. 白洋淀生态环境影响识别与评价 [J]. 海河水利, 2011 (1)：15 – 17, 23.

[68] 高芬. 白洋淀生态环境演变及预测 [D]. 保定：河北农业大学, 2008.

[69] 李春玲, 王冠. 1975—2019年北京市海淀区气温变化特征分析 [J]. 现代农业科技, 2021 (1)：199 – 201, 204.

[70] 张园园, 崔亮. 北京市近39a气候变化特征研究 [C]//中国环境科学学会. 2020中国环境科学学会科学技术年会论文集（第四卷）. 中国环境科学学会, 2020：8.

[71] 孙应龙, 王慧芳, 李根, 等. 2000—2019年北京市热岛效应时空变化特征及影响因素 [J]. 环境生态学, 2020, 2 (8)：43 – 5

[72] 王文, 张薇, 蔡晓军. 近50a来北京市气温和降水的变化 [J]. 干旱气象, 2009, 27 (4)：350 – 353.

[73] 朱龙腾, 陈远生, 燕然然, 等. 1951年至2010年北京市降水和气温的变化特征 [J]. 资源科学, 2012, 34 (7)：1287 – 1297.

[74] 姜晓琳. 从首都功能核心区控规看城市管理中的三大关系 [J]. 城市管理与科技, 2021, 22 (1)：54 – 55.

[75] 王亮, 刘国东, 任玉峰, 等. 天津市极端气温与降水指标变化趋势分析 [J]. 灌溉排水学报, 2016, 35 (2)：100 – 104.

[76] 李鹏程, 李琼芳, 蔡涛, 等. 北京天津地区近51a降水变化特征分析 [J]. 水电能源科学, 2010, 28 (10)：6 – 9.

[77] 俞烜, 张晓英, 牛存稳. 天津市50年来气候特征分析 [C]//中国可持续发展研究会. 2007中国可持续发展论坛暨中国可持续发展学术年会论文集（2）. 中国可持续发展研究会, 2007：5.

[78] 王现领. 天津市降水量及蒸发量变化趋势研究 [J]. 水资源开发与管理, 2018 (7)：8 – 11.

[79] 赵国超, 赵鹏飞, 汪光远. 天津市降雨时空分布特征及预测模型研究 [J]. 海河水利, 2019 (4)：41 – 43.

[80] 杨艳娟, 任雨, 郭军. 1951—2009年天津市主要极端气候指数变化趋势 [J]. 气象与环境学报, 2011, 27 (5)：21 – 26.

[81] 孟广文, 王春智, 鲁笑男, 等. 天津市经济发展的重心空间演变及未来展望 [J]. 经济地理,

2017, 37 (5)：87 - 93, 115.

[82] 石森昌 . 京津冀协同发展背景下天津市人口空间分布未来发展趋势研究 [J]. 未来与发展，2015, 39 (3)：110 - 113.

[83] 张晓龙，黄领梅，沈冰 . 河北省降水时空变化特征分析 [J]. 水资源与水工程学报，2014, 25 (2)：140 - 143, 148.

[84] 向亮，郝立生，安月改，等 . 51a 河北省降水时空分布及变化特征 [J]. 干旱区地理，2014, 37 (1)：56 - 65.

[85] 戴玮，樊清华，曹建新 . 1960—2011 年河北省夏季降水时空分布特征 [J]. 河北农业科学，2013, 17 (4)：91 - 95.

[86] 郝立生 . 华北降水时空变化及降水量减少影响因子研究 [D]. 南京：南京信息工程大学，2011.

[87] 成海民 . 河北省月平均气温的分布式模拟研究 [D]. 南京：南京信息工程大学，2012.

[88] 高霞 . 河北省气温异常时空特征分析 [C]//中国气象学会 . 中国气象学会 2007 年年会气候变化分会场论文集 . 中国气象学会，2007：7.

[89] 高霞 . 河北省近 45 年气候均态及极值变化特征研究 [D]. 兰州：兰州大学，2007.

[90] 刘学锋，李元华，秦莉 . 河北省近 50 年最高气温及高温日数变化特征 [J]. 气象科技，2007 (1)：31 - 35.

[91] 刘学锋，阮新，李元华 . 河北省冷暖变化气候特征分析 [J]. 气象科学，2005 (6)：638 - 644.

[92] 韩雁，张士锋 . 海河流域径流变异特征及其影响因素研究 [J]. 水资源与水工程学报，2021, 32 (1)：7 - 13.

[93] 舒章康，张建云，金君良，等 . 1961—2018 年中国主要江河枯季径流演变特征与成因 [J/OL]. 气候变化研究进展：1 - 14 [2021 - 04 - 27]. http：//kns. cnki. net/kcms/detail/11. 5368. P. 20210207. 1359. 002. html.

[94] 林豪栋 . 基于 SWAT 模型的京津冀地区地表径流模拟研究 [D]. 长春：吉林大学，2020.

[95] 王乐扬，李清洲，王金星，等 . 变化环境下近 60 年来中国北方江河实测径流量及其年内分配变化特征 [J]. 华北水利水电大学学报（自然科学版），2020, 41 (2)：36 - 42.

[96] 王国庆，张建云，管晓祥，等 . 中国主要江河径流变化成因定量分析 [J]. 水科学进展，2020, 31 (3)：313 - 323.

[97] 马梦阳 . 海河流域降水变化规律及其对水资源量的影响 [D]. 郑州：华北水利水电大学，2019.

[98] 王磊 . 气候变化和人类活动对海河流域径流变化的影响 [J]. 水利科技与经济，2019, 25 (4)：49 - 55.

[99] 马秋爽 . 大清河流域场次洪水尺度效应研究 [D]. 天津：天津大学，2018.

[100] 闫烨琛 . 大清河流域山丘区立地类型划分与评价 [D]. 北京：北京林业大学，2020.

[101] 王美琪 . 大清河流域上游山丘区典型小流域水源涵养林优化配置研究 [D]. 北京：北京林业大学，2020.

[102] 张艺武 . 基于 GIS - EWM 的大清河流域平原区地下水人工补给适宜性评价 [D]. 长春：吉林大学，2020.

[103] 张鑫 . 大清河流域山区降雨—径流关系演变及其驱动因素影响分析 [D]. 郑州：郑州大学，2020.

[104] 王坤 . 1980—2017 年大清河流域水系连通性变化分析 [D]. 北京：北京林业大学，2019.

[105] 方旭辉 . 大清河水系变迁及其对雄安新区建设的影响 [D]. 保定：河北农业大学，2019.

[106] 张冬冬 . 大清河流域下垫面要素变化对洪水的影响统计分析 [D]. 天津：天津大学，2012.

[107] 安拴霞 . 大清河流域国土空间综合整治分区研究 [D]. 北京：中国地质大学（北京），2019.

[108] 毕洋涛 . 白洋淀—大清河流域河岸带土壤大孔隙结构特征研究 [D]. 北京：北京林业大学，2020.

[109] 陈琰 . 基于 SWAT 模型的流域水资源演变机制及归因分析 [D]. 北京：中国水利水电科学研究

院，2018.

[110] 段思聪．大清河水系水污染物排放标准制定及费效分析研究［D］．保定：河北工业大学，2017.

[111] 雷宇明．变化环境下的流域洪水尺度效应分析［D］．天津：天津大学，2018.

[112] 刘文静．大清河流域可利用水资源量演变规律研究［D］．邯郸：河北工程大学，2014.

[113] 王振海．大清河流域水循环影响与定量评价研究［D］．济南：济南大学，2014.

[114] 张伟杰．大清河水利工程变迁及对雄安新区建设的影响［D］．保定：河北农业大学，2019.

[115] 穆文彬，李传哲，刘佳，等．大清河流域水循环影响因素演变特征分析［J］．水利水电技术，2017，48（2）：4-11，21.

[116] 吕树龙．环境变化对大清河流域径流量的影响分析［J］．东北水利水电，2012，30（3）：13，28.

[117] 崔豪，肖伟华，周毓彦，等．气候变化与人类活动影响下大清河流域上游河流径流响应研究［J］．南水北调与水利科技，2019，17（4）：54-62.

[118] 许怡然，鲁帆，戴雁宇，等．大清河流域气象干旱时空演化和联合概率分析［J］．人民黄河，2021，43（3）：84-89.

[119] 姜明君．大清河流域治理及管理模式初探［J］．农业科技与装备，2015（5）：76-77.

[120] 赵文廷，王树涛，许皞．基于雄安新区水源涵养的山水林田湖草综合治理措施构想［J］．林业与生态科学，2019，34（1）：1-14.

[121] 中国环境报．雄安新区10月1日起将执行最严排放限值标准［J］．河北水利，2018，284（10）：12.

[122] 梁世雷，李岚．雄安新区生态安全问题及应对策略［J］．河北学刊，2017，37（4）：148-152.

[123] 袁晓燕，余志敏，施卫明．大清河流域典型村镇生活污水排放规律和污染负荷研究［J］．农业环境科学学报，2010，29（8）：1547-1557.

[124] 王秀兰，张芸．大清河水系水环境状况及其防治措施［J］．水资源保护，2000（2）：33-35，46.

[125] 姚勤农，王裕玮，何杉，等．大清河流域水污染控制和治理规划研究［J］．海河水利，1997（4）：13-17.

[126] 袁晓燕，余志敏，施卫明．大清河小流域城郊型面源污染现状与对策研究［J］．环境科学与技术，2010，33（9）：19-30.

[127] 王伟，冯海波，臧志雪，等．河北省海河流域污染防治优先控制单元研究［J］．南水北调与水利科技，2011，9（5）：59-62.

[128] 任晓强，管孝艳，陶园，等．白洋淀流域水环境风险评估综述［J］．中国农村水利水电，2021（1）：22-27.

[129] 毛欣，刘林敬，宋磊，等．白洋淀近70年生态环境演化过程及影响因素［J/OL］．地球科学：1-18［2021-04-27］．http：//kns.cnki.net/kcms/detail/42.1874.P.20200720.1845.026.html.

[130] 戎荣，赵燕容，魏裕丰，等．聚类分析在地下水水质分类评价中的应用［J］．中国煤炭地质，2021，33（2）：45-52，63.

[131] 刘颖．基于多元统计和聚类分析的浙江省水质评价［J］．安徽农学通报，2020，26（22）：145-146.

[132] 郑帅，王琳，柳长顺，等．鄂尔多斯毛乌素沙地湖泊水环境质量特征及多元统计分析［J/OL］．水利水电技术（中英文）：1-16［2021-04-27］．http：//kns.cnki.net/kcms/detail/10.1746.TV.20210301.1513.008.html.

[133] 丁相毅，石小林，凌敏华，等．基于因子分析的供水管网健康状态评价指标遴选［J/OL］．水资源保护：1-10［2021-04-27］．http：//kns.cnki.net/kcms/detail/32.1356.TV.20210126.1607.006.html.

[134] THURSTON G D，SPENGLER J D. A quantitative assessment of source contributions to inhalable

particulate matter pollution in metropolitan Boston [J]. Atmospheric Environment, 1985, 19 (1): 9 – 25.

[135] 陈昭明, 王伟, 赵迎, 等. 改进主成分分析与多元回归融合的汉丰湖水质评估及预测 [J]. 环境监测管理与技术, 2020, 32 (4): 15 – 19.

[136] 杜展鹏, 王明净, 严长安, 等. 基于绝对主成分—多元线性回归的滇池污染源解析 [J]. 环境科学学报, 2020, 40 (3): 1130 – 1137.

[137] 宫殿林, 洪曦, 曾冠军, 等. 亚热带典型农业流域河流水质多元线性回归预测 [J]. 生态与农村环境学报, 2017, 33 (6): 509 – 518.

[138] 贾振睿, 孙力平, 钟远, 等. 天津水上公园景观湖叶绿素 a 与水质因子的主成分线性多元回归分析 [J]. 生态科学, 2015, 34 (4): 125 – 130.

[139] 林晶. 山仔水库蓝藻水华因子主成分多元回归分析 [J]. 海峡科学, 2017 (3): 14 – 19.

[140] 彭小玉, 周理程, 吴文晖, 等. 水污染指数法在湘江长沙段支流水质评价中的应用分析 [J]. 四川环境, 2021, 40 (2): 172 – 177.

[141] 张翔. 综合污染指数评价法在北洛河上的研究应用 [J]. 水利技术监督, 2021 (3): 8 – 10, 18.

[142] ZHANG N, HE H M, ZHANG S F, et al. Influence of Reservoir Operation in the Upper Reaches of the Yangtze River (China) on the Inflow and Outflow Regime of the TGR – based on the Improved SWAT Model [J]. Water Resources Management, 2012, 26 (3): 691 – 705.

[143] ABBASPOUR K C, YANG J, MAXIMOV I, et al. Modelling hydrology and water quality in the pre – alpine/alpine Thur watershed using SWAT [J]. Journal of Hydrology, 2007, 333 (2): 413 – 430.

[144] STONE M C, HOTCHKISS R H, HUBBARD C M, et al. Impacts of Climate Change On Missouri River Basin Water Yield [J]. Jawra Journal of the American Water Resources Association, 2010, 37 (5): 1119 – 1129.

[145] SCHILLING K E, JHA M K, ZHANG Y K, et al. Impact of land use and land cover change on the water balance of a large agricultural watershed: Historical effects and future directions [J]. Water Resources Research, 2008, 44 (7): 636 – 639.

[146] SCHOMBERG J D, HOST G, JOHNSON L B, et al. Evaluating the influence of landform, surficial geology, and land use on streams using hydrologic simulation modeling [J]. Aquatic Sciences, 2005, 67 (4): 528 – 540.

[147] FONTAINE T A, CRUICKSHARK T S, ARNOLD J G, et al. Development of a snowfall - snowmelt routine for mountainous terrain for the soil water assessment tool (SWAT) [J]. Journal of Hydrology, 2002, 262 (1 – 4): 209 – 223.

[148] 袁军营, 苏保林, 李卉, 等. 基于 SWAT 模型的柴河水库流域径流模拟研究 [J]. 北京师范大学学报 (自然科学版), 2010, 46 (3): 361 – 365.

[149] 刘昌明, 李道峰, 田英, 等. 基于 Dem 的分布式水文模型在大尺度流域应用研究 [J]. 地理科学进展, 2003, 22 (5): 437 – 45.

[150] 张康. 水库群影响下岷江径流规律分析及中长期径流预报研究 [D]. 武汉: 华中科技大学, 2018.

[151] 万超, 张思聪. 基于 GIS 的潘家口水库面源污染负荷计算 [J]. 水力发电学报, 2003 (2): 62 – 68.

[152] 刘梅冰, 陈冬平, 陈兴伟, 等. 山美水库流域水量水质模拟的 SWAT 与 CE – QUAL – W2 联合模型 [J]. 应用生态学报, 2013, 24 (12): 3574 – 3580.

[153] 杨巍, 汤洁, 李昭阳, 等. 基于 SWAT 模型的大伙房水库汇水区径流与泥沙模拟 [J]. 水土保持研究, 2012, 19 (2): 77 – 81.

[154] 王浩，贾仰文，杨贵羽，等．海河流域二元水循环及其伴生过程综合模拟［J］．科学通报，2013，58（12）：1064－1077.

[155] AFZALJ，NOBLEDH. Optimization model for alternative use of different quality irrigation waters ［J］. Journal of Irrigation and Drainage Engineering，1992，118（2）：218－228.

[156] GASSMAN P W，REYES M R，GREEN C H，et al. The Soil and Water Assessment Tool：Historical Development，Applications，and Future Research Directions ［J］. Center for Agricultural and Rural Development（CARD）Publications，2007.

[157] MORIASI D N，ARNOLD J G，LIEW M W V，et al. Model Evaluation Guidelines for Systematic Quantification of Accuracy in Watershed Simulations ［J］. Transactions of the ASABE，2007，50（3）：885－900.

[158] YU Sen，HE Li，LU Hongwei. An environmental fairness based optimisation model for the decision－support of joint control over the water quantity and quality of a river basin ［J］. Journal of Hyclrology，2016，535：366－376.